Turbokompressoren und Turbogebläse

Eine Einführung in Arbeitsweise Bau und Berechnung

von

Dipl.-Ing. Erwin Schulz
Berlin

Mit 96 Textabbildungen

Berlin
Verlag von Julius Springer
1931

Copyright 1931 by Julius Springer in Berlin.
ISBN-13:978-3-642-98243-9   e-ISBN-13: 978-3-642-99054-0
DOI:10.1007/978-3-642-99054-0

Vorwort.

Die Kreiselverdichter haben in den letzten Jahren weite Verbreitung gefunden. Besonders bei großen Förderleistungen haben die Turbokompressoren und Turbogebläse die Kolbenmaschinen fast ganz verdrängt.

Auf Zechen, in Hüttenbetrieben, in der chemischen Industrie und auch in der Kälteindustrie bürgert sich der Kreiselverdichter immer mehr ein.

Es ist daher erforderlich, daß auf technischen Hoch- und Mittelschulen diese rotierende Arbeitsmaschine mindestens in gleichem Umfange behandelt wird wie die Kreiselpumpe.

Durch das vorliegende Buch soll der Studierende einen Einblick in die Wirkungsweise und einen Überblick über die Berechnung des Kreiselverdichters erhalten. Bei der Behandlung des Stoffes konnte ich mich auf mehrjährige Erfahrungen im Turbokompressorbau und auf Lehrerfahrungen stützen.

Die Grundlagen der Thermodynamik werden als bekannt vorausgesetzt und daher nur so weit behandelt, als zur Ableitung der wichtigsten Sätze nötig ist. Besonderer Wert wird auf das Verständnis der Entropietafel gelegt, die für die Berechnung des Kreiselverdichters unentbehrlich ist.

Bei der Theorie des Kreiselverdichters wird auf die Minderleistung bei endlicher Schaufelzahl eingegangen und die Berechnung mit Hilfe der „Druckhöhenziffer" erklärt. Zahlenbeispiele erläutern das dargestellte Verfahren.

Weiter werden das Verhalten des Verdichters bei veränderten Betriebsbedingungen, das „Pumpen" und dessen Verhütung und die verschiedenen Regulierarten behandelt.

Die Frage der Kühlung bei der Verdichtung wird gebührend berücksichtigt und der Außenkühler eines Turbokompressors berechnet.

Festigkeitsberechnungen habe ich mit Rücksicht auf den Umfang des Buches ganz weggelassen, da mit einer gekürzten Behandlung dem Studierenden nicht gedient ist.

Den Firmen danke ich für die Überlassung des Bildmaterials und der Verlagsbuchhandlung für die sorgfältige Ausstattung des Buches.

Berlin, Mai 1931.

Erwin Schulz.

Inhaltsverzeichnis.

1. Aufbau und Arbeitsweise des Kreiselverdichters und seine Vorteile gegenüber der Kolbenmaschine.

Die Kreiselverdichter (Turbogebläse und Turbokompressoren) dienen zum Fördern von Gasen oder auch von Dämpfen. Der Einfachheit halber wird im folgenden nur die Verdichtung von Gas behandelt.

In ihrem Aufbau und ihren Betriebseigenschaften gleichen die Kreiselverdichter den Kreiselpumpen. Das Gas wird durch einen Saugstutzen angesaugt, gelangt in das Laufrad und wird durch die Schleuderwirkung auf einen höheren Druck und auf hohe Geschwindigkeit gebracht. Vom Radaustritt strömt es in ein Leitrad oder Diffusor, in dem die Geschwindigkeit in Druck umgesetzt wird. Laufrad und Leitrad bilden eine „Stufe" des Verdichters. Bei einstufigen Maschinen entweicht das verdichtete Gas durch den Druckstutzen, bei mehrstufigen Maschinen wird das Gas in Rückkehrkanälen gegen die Nabe des nächsten Rades geführt. Auf diese Weise strömt das Gas von Stufe zu Stufe, wobei der Druck dauernd zunimmt. Da das Gas bei der Verdichtung erwärmt wird, ist bei hohen Drücken eine künstliche Kühlung erforderlich.

Erzeugen die Verdichter nur einen geringen Unter- oder Überdruck bis zu $\sim$ 1000 mm WS, so werden sie Ventilatoren, Lüfter und Exhaustoren genannt. Maschinen für höhere Drücke heißen Turbogebläse. Ihr Verdichtungsdruck ist jedoch noch so niedrig (bis $\sim$ 3 Atm), daß im allgemeinen von einer Kühlung des Gases während der Verdichtung abgesehen werden kann. Kreiselverdichter mit Wasserkühlung werden als Turbokompressoren bezeichnet und meistens für ein Druckverhältnis von 6—8 gebaut. Sie müssen stets mehrstufig ausgeführt werden, während bei Turbogebläsen in vielen Fällen mit einer Stufe der gewünschte Enddruck erreicht wird. Turbokompressoren liefern Druckluft zum Betriebe von Preßluftwerkzeugen und Preßluftmotoren im Bergbau, in Eisenkonstruktionswerkstätten, auf Schiffswerften und in der Maschinenindustrie. Turbogebläse finden hauptsächlich Verwendung in der Stahlindustrie zur Luftlieferung für die Hochöfen, Konverter und Kupolöfen, in der chemischen Industrie und in den Kokereien als Gasferndruckgebläse oder Gassauger, in der Zuckerindustrie zur Kohlensäureförderung, für Getreideförderanlagen, als Spülluft- und Aufladegebläse für Brennkraftmaschinen, als Kältemaschinen usw.

Abb. 1 zeigt den schematischen Aufbau, den Druck- und Geschwindigkeitsverlauf des Gases einer Verdichterstufe. Die Gasgeschwindigkeit hat durch Beschleunigung des Gases in dem Laufrad zugenommen (d—e), auch ist hinter dem Laufrad bereits ein meßbarer Überdruck vorhanden, der $\sim {}^2/_3$ des gesamten Stufendruckes beträgt (a—b). In dem Leitrad oder Diffusor wird die Geschwindigkeitsenergie in Druckenergie umgesetzt (b—c), die Gasgeschwindigkeit nimmt ab (e—f) und ist bei dem Austritt aus dem Leitrad ungefähr gleich der Eintrittsgeschwindigkeit in die nächste Stufe.

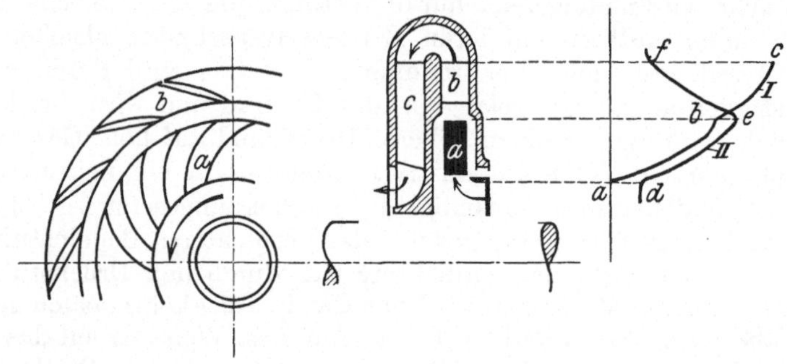

Abb. 1. Aufbau und theoretische Wirkungsweise der Verdichterstufe.
a = Laufrad; b = Leitrad oder Diffusor; c = Rückkehrkanal; I = Verlauf des Druckes; II = Verlauf der Geschwindigkeit.

Der Antrieb der Kreiselverdichter erfolgt am zweckmäßigsten durch direkt gekuppelte Dampfturbinen. Bei Antrieb durch Elektromotoren ist eine direkte Kupplung nicht immer möglich, da die Motordrehzahl gegenüber der Verdichterdrehzahl niedrig ist und bei direktem Antrieb die Abmessungen des Verdichters sehr groß und die Anlagekosten entsprechend hoch werden. Mit Rücksicht auf den Wirkungsgrad werden insbesondere Maschinen kleiner Leistung unter Zwischenschaltung eines Vorgeleges mit dem Motor gekuppelt.

Der Kreiselverdichter besitzt alle Vorteile der rein drehenden Maschine: Geringer Raumbedarf, billige Fundamente, kleines Gewicht und geringe Ausgaben für Gebäude, Krane usw. Dasselbe gilt für seine Antriebsmaschine. Es fehlen hin- und hergehende Teile, die wechselnden Beanspruchungen unterworfen sind, und das Schwungrad. Außer den Lagern besitzt der Turboverdichter keine geschmierten Teile. Das Gas ist deshalb vollkommen ölfrei; Explosionen, die bei ölhaltigem Gas entstehen können, sind deshalb ausgeschlossen. Auch kann sich kein Öldampf auf den Kühlflächen niederschlagen und die Kühlwirkung verschlechtern. Die stoßfreie, gleichmäßige Gasförderung macht einen Windkessel entbehrlich. Da außer den Lagern der Kreiselverdichter keine reibenden Teile hat, ferner keine Ventile vorhanden sind, die undicht werden können, so bleibt sein Wirkungsgrad im Gegensatz zu demjenigen des Kolbenverdichters auch im Dauerbetrieb unverändert.

Das kleinste Ansaugevolumen, bei dem der Turboverdichter hinsichtlich seiner Wirtschaftlichkeit gegenüber dem Kolbenverdichter wettbewerbsfähig ist, ist abhängig von dem Gasenddruck. Bei den üblichen Drücken für Turbokompressoren von 7—8 Atm beträgt die kleinste Ansaugeleistung $\sim 8000 \ \mathrm{m^3/h}$, bei niedrigeren Enddrücken ist sie entsprechend kleiner.

Selbstverständlich ist bei der Beurteilung der Wirtschaftlichkeit nicht nur der Wirkungsgrad der eigentlichen Verdichtung zu vergleichen, sondern es sind auch alle erwähnten Vorteile des Kreiselverdichters einer wirtschaftlichen Prüfung zu unterziehen.

II. Wärmetheoretische Grundlagen.

1. Allgemeine Zustandsgleichung.

Das Gesetz von Boyle (Mariotte):
Das Produkt aus Druck und Volumen ist für verschiedene Gaszustände bei gleicher Temperatur gleich groß.

$$P_1 v_1 = P_2 v_2 = Pv \quad \text{(für 1 kg Gas)}$$
$$P_1 V_1 = P_2 V_2 = PV \quad \text{(für } G \text{ kg Gas)}.$$

Das Gesetz von Gay-Lussac:
Bei gleichem Druck verhalten sich die Rauminhalte gleicher Gewichtsmengen desselben Gases wie die absoluten Temperaturen

$$\frac{V_2}{V_1} = \frac{v_2}{v_1} = \frac{273 + t_2}{273 + t_1} = \frac{T_2}{T_1}.$$

Von beiden Gesetzen wird die Zustandsgleichung abgeleitet:

$$Pv = R \cdot T \qquad \text{(für 1 kg Gas)} \tag{1}$$
$$PV = G \cdot R \cdot T \qquad \text{(für } G \text{ kg Gas)}. \tag{1a}$$

Der Wert $\dfrac{P \cdot v}{T}$ ist für ein und dasselbe Gas von unveränderlicher Größe und wird mit R (Gaskonstante) bezeichnet. Für jedes Gas hat R einen anderen Wert. Die drei Größen P, v, T bestimmen den Zustand des Gases. Durch zwei dieser Größen ist die dritte immer festgelegt.

2. Allgemeine Wärmegleichung der Gase.

Nach dem ersten Hauptsatz der mechanischen Wärmetheorie sind
Wärme und Arbeit gleichwertig

$$Q = AL.$$

Der Proportionalitätsfaktor A heißt das mechanische Wärme-
äquivalent und ist gleich $\frac{1}{427}$.

Wird durch Wärme mechanische Arbeit geleistet, so wird Wärme
verbraucht, und zwar ist das Verhältnis der verbrauchten Wärmemenge zur geleisteten Arbeit unveränderlich wie auch die Arbeitsleistung zustande gekommen sein mag. Umgekehrt muß die mechanische Arbeit, die aufgewendet wird, z. B. zur Verdichtung einer Gasmenge, sich in Form von Wärme wiederfinden.

Wird die Temperatur von 1 kg Gas, das sein Volumen nicht ändern
kann, um den Betrag dT erhöht, so muß eine Wärmemenge

$$dQ = c_v \cdot dT$$

zugeführt werden. c_v ist die spezifische Wärme bei gleichbleibendem
Volumen.

Wird nun die Möglichkeit geschaffen, daß das Gas bei der Erwärmung um dT unter einem äußeren gleichbleibenden Druck P sich
ausdehnen kann, so leistet es eine Arbeit

$$dL = Pdv,$$

deren Wärmewert $AdL = APdv$ ist.

Die zugeführte Wärmemenge ist jetzt

$$dQ = c_p \cdot dT$$

und dient zur Erhöhung der Temperatur des Gases um den Betrag dT
und zur Leistung der Arbeit $dL = Pdv$. c_p ist die spezifische Wärme
bei gleichbleibendem Druck. Es ist somit

$$dQ = c_p \cdot dT = c_v \cdot dT + APdv, \tag{2}$$

wobei $c_p > c_v$ ist. Das Verhältnis $\dfrac{c_p}{c_v} = k$ ist für einatomige Gase
1,66, für zweiatomige 1,4 bei 0^0 C. c_v und c_p können für mittlere Temperaturen als gleichbleibend angesehen werden.

In Gleichung 2 findet auch das Gesetz von der Erhaltung der
Energie seine Bestätigung. Allgemein wird die einem Körper zugeführte Wärme dazu verwandt, um

 1. die fühlbare Wärme des Gases, d. h. seine Temperatur, zu
erhöhen,

2. den Rauminhalt unter Überwindung des äußeren Druckes, der nicht konstant sein muß, zu vergrößern, also mechanische Arbeit zu leisten.

$$\left.\begin{aligned} dQ &= c_v \cdot dT + A\,Pdv \\ &= c_v \cdot dT + A\,dL \end{aligned}\right\} \text{ (für 1 kg Gas)} \qquad (3)$$

$$\left.\begin{aligned} dQ &= G \cdot c_v \cdot dT + A\,PdV \\ &= G \cdot c_v \cdot dT + A\,dL' \end{aligned}\right\} \text{ (für } G \text{ kg Gas)} \qquad (3\,\text{a})$$

und zwischen zwei Zuständen 1 und 2

$$\left.\begin{aligned} Q &= c_v \int_1^2 dT + A \int_1^2 Pdv \\ &= c_v (T_2 - T_1) + A\,L \end{aligned}\right\} \text{ (für 1 kg Gas)} \qquad (4)$$

$$\left.\begin{aligned} Q &= G \cdot c_v \int_1^2 dT + A \int_1^2 PdV \\ &= G \cdot c_v (T_2 - T_1) + A\,L' \end{aligned}\right\} \text{ (für } G \text{ kg Gas).} \qquad (4\,\text{a})$$

In diesen allgemeinen Wärmegleichungen stellt L bzw. L' die Arbeit dar, die bei der Ausdehnung des Gases von dem Zustand 1 auf dem Zustand 2 geleistet und als absolute Gasarbeit bezeichnet wird.

Wird umgekehrt eine Arbeit aufgewendet, so wird die der Arbeitsleistung entsprechende Wärme zum Teil vom Gas aufgenommen, wodurch dessen Temperatur erhöht wird. Der Rest der Wärme wird während der Verdichtung durch Kühlung an die Umgebung abgegeben.

$$A\,L = c_v (T_2 - T_1) + Q \qquad \text{(für 1 kg Gas)} \qquad (5)$$
$$A\,L' = G \cdot c_v (T_2 - T_1) + Q' \quad \text{(für } G \text{ kg Gas).} \qquad (5\,\text{a})$$

3. Entropie und Entropiediagramm.

Das Element jeder Energieform kann durch das Produkt einer endlichen Größe und einer unendlich kleinen Änderung einer zweiten Größe ausgedrückt werden, z. B. das Element der Arbeit $dL = Pdv$. Für das Wärmeelement erhält man das Produkt $dQ = T \cdot ds$, worin T die absolute Temperatur und ds die unendlich kleine Änderung einer Größe bedeutet, die als Entropie bezeichnet wird. Da T immer positiv ist, haben dQ und ds immer dasselbe Vorzeichen. Für eine unendlich kleine Zustandsänderung ist die unendlich kleine Änderung der Entropie

$$ds = \frac{dQ}{T} \qquad (6)$$

und für eine endlich begrenzte Zustandsänderung zwischen der Anfangstemperatur T_1 und der Endtemperatur T_2 wird die Entropieänderung

$$\int_1^2 ds = s_2 - s_1 = \int_{T_1}^{T_2} \frac{dQ}{T} \cdot \Big| \tag{6a}$$

Werden nun auf der Abszissenachse die Entropieveränderungen und auf der Ordinatenachse die absoluten Temperaturen aufgetragen,

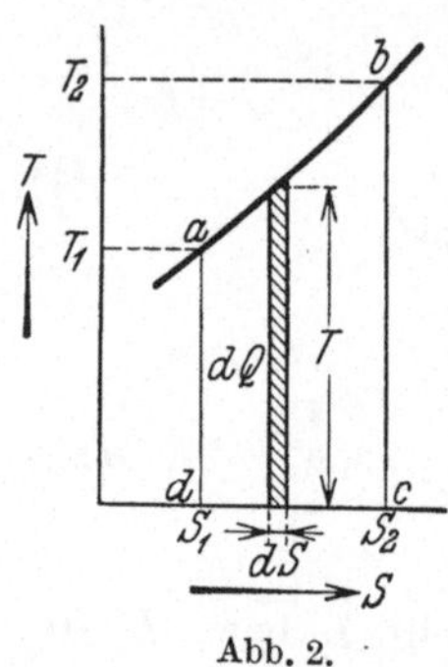

Abb. 2.

so erhält man das Temperatur-Entropiediagramm (Abb. 2). In ihm stellt das schraffierte Flächenelement von der Breite ds und der Höhe T die Wärmemenge $dQ = T \cdot ds$ dar. Durch Addition der einzelnen Flächenstreifen erhält man die Fläche $abcd$, welche der Wärmemenge Q entspricht. Die Berechnung der Entropieveränderung $s_2 - s_1$ für 1 kg Gas ist mit Hilfe der allgemeinen Wärmegleichung $dQ = c_v \cdot dT + APdv$ möglich. Da $dQ = Tds$ ist, wird

$$T \cdot ds = c_v \cdot dT + APdv$$

und

$$ds = c_v \frac{dT}{T} + AP \frac{dv}{T} = c_v \frac{dT}{T} + AR \frac{dv}{v}. \tag{7}$$

Für unveränderliche spezifische Wärme ergibt sich hieraus:

$$s_2 - s_1 = c_v \ln \frac{T_2}{T_1} + AR \ln \frac{v_2}{v_1}. \tag{7a}$$

Da $c_v = c_p - AR$ ist, kann auch gesetzt werden

$$s_2 - s_1 = c_p \ln \frac{T_2}{T_1} - AR \ln \frac{P_2}{P_1}. \tag{7b}$$

Die Änderung der Entropie ist somit nur von dem Anfangs- und Endzustand und der Natur des Gases abhängig. Da es bei allen Wärmeaufgaben nur auf die Änderung der Entropie ankommt, darf der Nullpunkt ihrer Zählung willkürlich gewählt werden.

Der Nullpunkt des Diagrammes wird mit Rücksicht auf das bei der Berechnung von Kreiselverdichtern in Frage kommende Temperaturgebiet zweckmäßig auf $t = 0$ und $s_1 = 0$ gelegt. Wird nun $v =$ konstant angenommen, so ist $\frac{v_2}{v_1} = 1$ und $\ln \frac{v_2}{v_1} = 0$.

Mit $s_1 = 0$ wird nach Gleichung 7a

$$s_2 = s = c_v \ln \frac{T_2}{T_1}. \tag{8}$$

Durch Berechnung von s für verschiedene Temperaturen T_2 kann eine Linie für Zustandsänderungen bei gleichbleibendem Volumen punktweise gezeichnet werden. In gleicher Weise erhält man die Linie für Zustandsänderungen bei gleichbleibendem Druck mit

$$s_2 = s = c_p \ln \frac{T_2}{T_1} \cdot \tag{9}$$

Sowohl die Linien für gleichbleibendes Volumen als auch die Linien für gleichbleibenden Druck laufen waagerecht gemessen in gleichen Abständen. Wird z. B. die Temperatur konstant und der Druck veränderlich angenommen, dann ist nach Gleichung 7b

$$s_2 - s_1 = \Delta S = - A R \ln \frac{P_2}{P_1} \cdot \tag{10}$$

Ist also eine Linie für gleichbleibenden Druck z. B. P_1 gezeichnet, so erhält man die Linie für P_2 durch Horizontalverschiebung der Linie für P_1 um den Betrag $\Delta S = - A R \ln \frac{P_2}{P_1}$, und zwar ist die Linie P_1 nach links zu verschieben, wenn $P_2 > P_1$ ist, da die Entropieänderung negativ ist, und nach rechts, wenn $P_2 < P_1$ ist.

Für den Entwurf der Entropietafel (Abb. 3) wird ein Maßstab z. B. $1^0 = 3$ mm und $\frac{1}{1000}$ Entropieeinheiten $= 3$ mm gewählt und eine Linie für gleichbleibenden Druck und für gleichbleibendes Volumen mit Hilfe der in der Zahlentafel zusammengestellten Werte punktweise gezeichnet. Die übrigen Linien werden durch Parallelverschiebung erhalten, z. B. für $P = 1{,}98$ ata, $P = 1{,}57$ ata, $P = 1{,}28$ ata, $P = 1{,}25$ ata, $P = 0{,}98$ ata.

Zahlentafel 1. Berechnung der Entropietafel für Luft.

Für eine Linie gleichbleibenden Volumens gilt $s = c_v \ln \dfrac{T_2}{T_1}$

Für eine Linie gleichbleibenden Druckes gilt $s = c_p \ln \dfrac{T_2}{T_1}$

$$T_1 = 273^0 \text{ abs}; \quad t_1 = 0^0 \text{ C.}$$

t_2	T_2	$\dfrac{T_2}{T_1}$	$\ln \dfrac{T_2}{T_1}$	$c_v \ln \dfrac{T_2}{T_1}$	$c_p \ln \dfrac{T_2}{T_1}$
10	283	1,037	0,0323	0,0064	0,0090
20	293	1,073	0,0692	0,0123	0,0173
30	303	1,110	0,1044	0,0180	0,0252
40	313	1,148	0,1337	0,0236	0,0334
50	323	1,182	0,1670	0,0292	0,0401
60	333	1,220	0,1990	0,0342	0,0481
70	343	1,258	0,2260	0,0392	0,0550
80	353	1,292	0,2560	0,0442	0,0624
90	363	1,330	0,2840	0,0491	0,0685

Zahlentafel 1. (Fortsetzung.)

t_2	T_2	$\dfrac{T_2}{T_1}$	$\ln \dfrac{T_2}{T_1}$	$c_v \ln \dfrac{T_2}{T_1}$	$c_p \ln \dfrac{T_2}{T_1}$
100	373	1,366	0,3120	0,0536	0,0755
110	383	1,401	0,3370	0,0583	0,0815
120	393	1,439	0,3640	0,0627	0,0878
130	403	1,477	0,3880	0,0675	0,0936
140	413	1,512	0,4130	0,0713	0,0996
150	423	1,549	0,4380	0,0755	0,1064

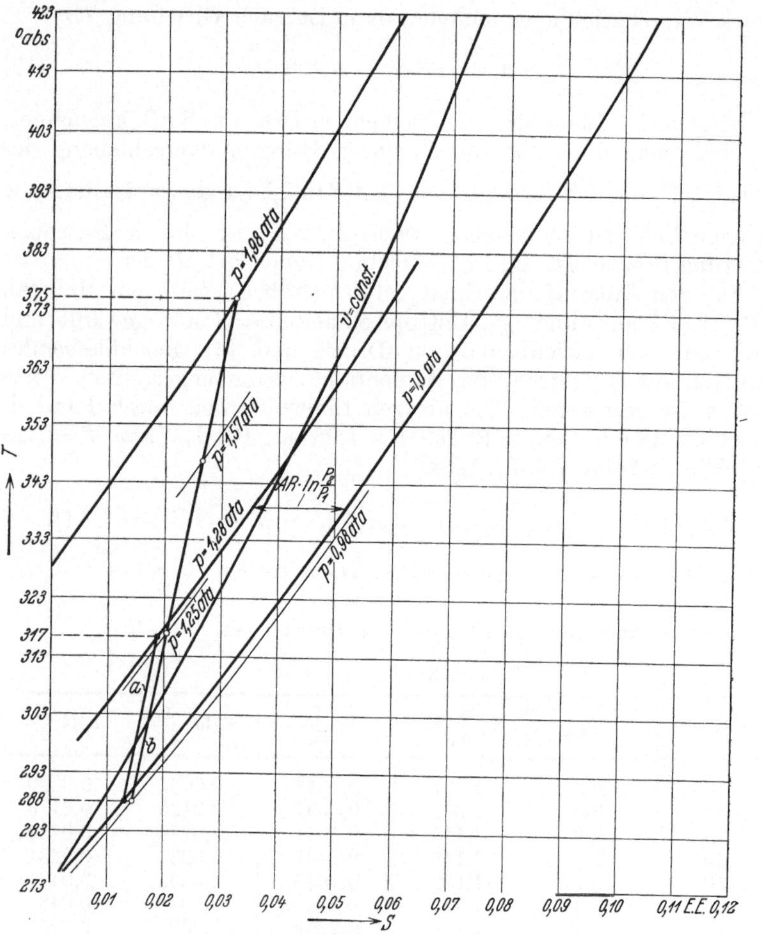

Abb. 3. Entropiediagramm.

Die P-Linien verlaufen weniger steil als die v-Linien. In jedem Schnittpunkt einer P-Linie mit einer v-Linie können P, v und t unmittelbar abgelesen werden. Die drei zugehörigen Werte müssen der Zustandsgleichung genügen. Für Punkte zwischen zwei Linien lassen sich die Zustandsgrößen leicht abschätzen. Werden statt der absoluten Temperaturen die Wärmeinhalte

$$i = c_p \cdot t$$

als Ordinaten abgetragen, so entsteht die i-s — Tafel, die den Vorteil hat, daß die Änderung der Wärmeinhalte zwischen zwei Zuständen als senkrechte Strecke abgegriffen werden kann.

4. Adiabatische Verdichtung.

(Zustandsänderung bei unveränderlicher Entropie.)

Eine adiabatische Verdichtung kann praktisch nicht ermöglicht werden, da diese Zustandsänderung ohne äußere Wärmeeinwirkung also in einem wärmedichten Gehäuse stattfinden müßte. Die allgemeine Wärmegleichung lautet für die adiabatische Verdichtung

$$A \int P dv = AL = c_v (T_2 - T_1) \left[\frac{\text{kcal}}{\text{kg}}\right], \qquad (11)$$

d. h. die aufgewendete äußere Gasarbeit wird zur Erhöhung der fühlbaren Wärme also der Temperatur verwendet.

Die absolute Verdichtungsarbeit je 1 kg Gas $\int P dv = L$ kann im P-v — Diagramm durch die unter der Adiabate liegende Fläche dar-

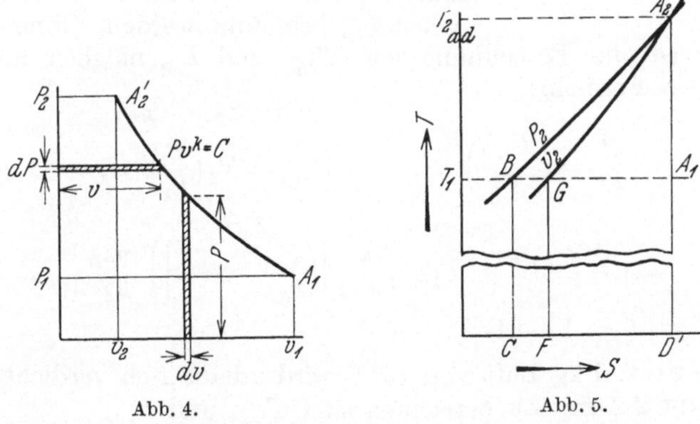

Abb. 4.   Abb. 5.

gestellt werden (Abb. 4), während der Wärmewert der Gasarbeit $AL = c_v (T_{2\,\text{ad}} - T_1)$ als diejenige Fläche im T-s — Diagramm erscheint, die unter der v_2-Kurve zwischen T_1 und $T_{2\,\text{ad}}$ liegt (Abb. 5). Die adiabatische wirkliche Verdichtungsarbeit (Kolbenarbeit) je 1 kg

Gas $L_{\mathrm{ad}} = \int v\,dP$ unterscheidet sich von der absoluten Verdichtungs-arbeit $L = \int P\,dv$ durch die Fortdruckarbeit und wird durch die Indikatorfläche $A_1\,A_2'\,P_2\,P_1$ dargestellt (Abb. 4). Es ist

$$L_{\mathrm{ad}} = \int v\,dP = \int P\,dv + P_2 v_2 - P_1 v_1 \left[\frac{\mathrm{mkg}}{\mathrm{kg}}\right]$$

$$A\,L_{\mathrm{ad}} = A \int v\,dP = c_v\,(T_{2\,\mathrm{ad}} - T_1) + A\,P_2 v_2 - A\,P_1 v_1 \left[\frac{\mathrm{kcal}}{\mathrm{kg}}\right].$$

Da nun $c_v\,T_{2\,\mathrm{ad}} + A\,P_2 v_2 = (c_v + A\,R)\,T_{2\,\mathrm{ad}} = c_p\,T_{2\,\mathrm{ad}} = i_{2\,\mathrm{ad}}$ und $c_v \cdot T_1 + A\,P_1 v_1 = (c_v + A\,R)\,T_1 = c_p \cdot T_1 = i_1$ ist, so kann auch geschrieben werden

$$A\,L_{\mathrm{ad}} = A \int v\,dP = c_p\,(T_{2\,\mathrm{ad}} - T_1) = i_{2\,\mathrm{ad}} - i_1 \left[\frac{\mathrm{kcal}}{\mathrm{kg}}\right]. \qquad (12)$$

Der Wärmewert der aufzuwendenden wirklichen Arbeit erscheint somit im $T\text{-}s$ — Diagramm als die Fläche unter der P_2-Linie zwischen $T_{2\,\mathrm{ad}}$ und T_1 (Abb. 5).

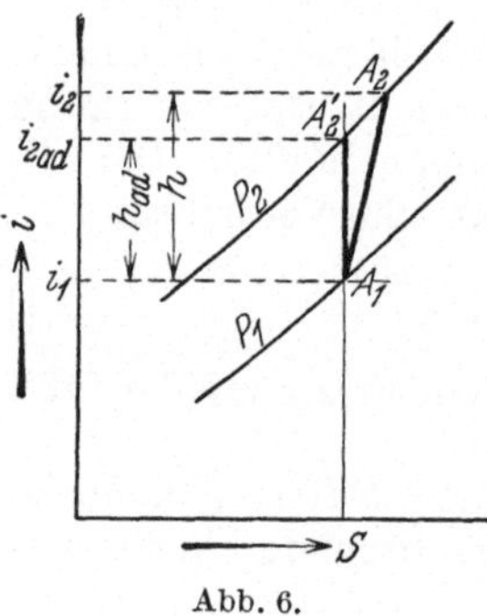

Abb. 6.

Im $i\text{-}s$ — Diagramm erhält man als Wärmewert der adiabatischen Arbeit die Strecke $i_{2\,\mathrm{ad}} - i_1 = h_{\mathrm{ad}}$ (Abb. 6). Die Differenz der Wärmeinhalte wird als Wärmegefälle bezeichnet, und ist die Arbeit für 1 kg Gas gleich dem mechanischen Äquivalent des Wärmegefälles.

Mit Hilfe der Entropietafel können die Endtemperatur T_2 und die adiabatische Arbeit L_{ad} bestimmt werden. Ohne Entropietafel ist die Berechnung von $T_{2\,\mathrm{ad}}$ und L_{ad} möglich mit den bekannten Formeln:

$$\frac{P_2}{P_1} = \left(\frac{T_{2\,\mathrm{ad}}}{T_1}\right)^{\frac{k}{k-1}}; \qquad T_{2\,\mathrm{ad}} = T_1 \left(\frac{P_2}{P_1}\right)^{\frac{k-1}{k}}. \qquad (13)$$

$$L_{\mathrm{ad}} = \int v\,dP = P_1 v_1 \frac{k}{k-1} \left[\left(\frac{P_2}{P_1}\right)^{\frac{k-1}{k}} - 1\right] \left[\frac{\mathrm{mkg}}{\mathrm{kg}}\right], \qquad (14)$$

worin $k = \dfrac{c_p}{c_v} = 1{,}4$ ist.

Beispiel: 1 kg Luft von 15^0 C wird adiabatisch verdichtet von 1 Atm auf 2 Atm. Zu berechnen sind $T_{2\,\mathrm{ad}}$ und L_{ad}:

$$T_{2\,\mathrm{ad}} = 288 \cdot 2^{\frac{0,4}{1,4}} = 351^0 \text{ abs}; \qquad t_{2\,\mathrm{ad}} = 78^0\,\mathrm{C}$$

$$L_{\mathrm{ad}} = 10000 \cdot 0{,}842 \,\frac{1,4}{0,4} \left(2^{\frac{0,4}{1,4}} - 1\right) = 6480 \left[\frac{\mathrm{mkg}}{\mathrm{kg}}\right]$$

oder auch

$$L_{\mathrm{ad}} = \frac{c_p\,(T_{2\,\mathrm{ad}} - T_1)}{A} = 427 \cdot 0{,}241 \cdot (351 - 288) = 6480 \left[\frac{\mathrm{mkg}}{\mathrm{kg}}\right].$$

5. Isothermische Verdichtung.

(Zustandsänderung bei gleichbleibender Temperatur.)

Bleibt während der Verdichtung die Temperatur unverändert, so ist die Zustandsänderung isotherm. Für diese Zustandsänderung lautet die allgemeine Wärmegleichung

$$dQ = A\,P\,dv \quad \text{bzw.} \quad Q = A \int P\,dv = A\,L_{\mathrm{is}} \left[\frac{\mathrm{kcal}}{\mathrm{kg}}\right], \tag{15}$$

d. h. die der absoluten Verdichtungsarbeit entsprechende Wärmemenge muß bei der Verdichtung abgeführt werden. Da bei der

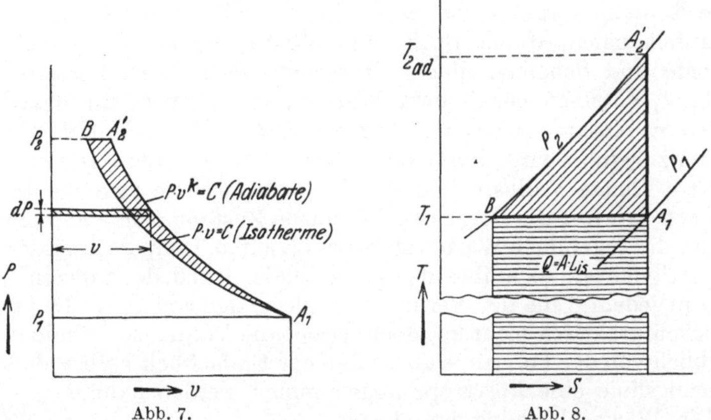

Abb. 7. Abb. 8.

Isotherme $P_1 v_1 = P_2 v_2$ ist, besteht kein Unterschied zwischen der wirklichen isothermischen Arbeit $L_{\mathrm{is}} = \int v\,dP$ und der absoluten Verdichtungsarbeit $\int P\,dv$. $Q = A\,L_{\mathrm{is}}$ erscheint als die Fläche unter der Isotherme, die eine Parallele zur Abszisse ist (Abb. 8).

Da die Temperatur bei der Verdichtung nicht höher wird, so muß das Gasvolumen bei der isothermen Verdichtung auch kleiner sein als bei der adiabatischen Verdichtung. Für dasselbe Druckverhältnis $\dfrac{P_2}{P_1}$ wird daher auch $L_{\mathrm{is}} < L_{\mathrm{ad}}$, wie aus dem P-v — Diagramm (Abb. 7) hervorgeht.

Die isothermische Verdichtungsarbeit kann mit der Formel

$$L_{\mathrm{is}} = P_1 v_1 \ln \frac{P_2}{P_1} \left[\frac{\mathrm{mkg}}{\mathrm{kg}}\right] \tag{16}$$

berechnet werden.

Beispiel: 1 kg Luft von 15^0 C wird isothermisch verdichtet von 1 Atm auf 2 Atm. Zu berechnen sind L_{is}, Q und der Arbeitsgewinn $L_{ad} - L_{is}$.

$$L_{is} = P_1 v_1 \ln \frac{P_2}{P_1} = 10\,000 \cdot 0{,}842 \cdot \ln 2 = 5850 \left[\frac{mkg}{kg} \right]$$

$$Q = A L_{is} = \frac{1}{427} \cdot 5850 = 13{,}7 \left[\frac{kcal}{kg} \right]$$

$$L_{ad} - L_{is} = 6480 - 5850 = 630 \left[\frac{mkg}{kg} \right].$$

6. Polytropische Verdichtung.

a) Verdichtung ohne Kühlung.

Die Adiabate ist eine ideale Zustandsänderung, da Verdichtung ohne Reibung vorausgesetzt wird. Durch Reibung des Gases in den Schaufelkanälen, durch Stoß- und Wirbelverluste, Stopfbüchsen- verluste und Scheibenreibung, insgesamt als innere Verluste be- zeichnet, entsteht neben dem Wärmewert der Verdichtungsarbeit noch eine Zusatzwärme, die als mechanische Mehrarbeit dem Ver- dichter zugeführt wird. Die Gesamtarbeit ist gleich reine Verdichtungs- arbeit + innere Verluste und die Verdichtungslinie eine Polytrope. Da nach Zeuner die Polytrope derjenigen Zustandskurve entspricht, bei der die zugeführte Wärme stets der erzielten Temperaturänderung proportional ist, so müßte der prozentuale Anteil der inneren Ver- luste in jedem Teile der Verdichtung gleichbleibend sein. Das trifft natürlich praktisch nicht zu, doch weicht die Verdichtungslinie nicht erheblich von der Polytrope ab, so daß der Einfachheit halber als Ver- dichtungslinie eine Polytrope angenommen werden kann.

Die Wärmegleichung lautet nun

$$A P\,dv + dQ\,r = c_v\,d T$$

bzw.

$$A \int P\,dv + Q r = c_v (T_2 - T_1) \left[\frac{kcal}{kg} \right], \tag{17}$$

wobei $Q r$ den Wärmewert der genannten inneren Verluste darstellt.

Durch die Mehrzufuhr von Wärme wird das Gas stärker erwärmt als bei adiabatischer Verdichtung. Die spezifischen Gasvolumen bei demselben Druck werden daher größer sein, d. h. die Polytrope wird im $P\text{-}v$ — Diagramm noch steiler ansteigen als die Adiabate. Wird nun statt der absoluten Verdichtungsarbeit $\int P\,dv$ die wirkliche Arbeit $L_{pol} = \int v\,d P$ gesetzt, dann erhält man die Gleichung

$$A \int v\,d P + Q r = c_p (T_2 - T_1) = i_2 - i_1 = h \left[\frac{kcal}{kg} \right] \tag{18}$$

oder

$$L_{\mathrm{pol}} + Q\,r = c_p\,(T_2 - T_1) = i_2 - i_1 = h \left[\frac{\mathrm{kcal}}{\mathrm{kg}}\right] \qquad (18\,\mathrm{a})$$

(vgl. Abb. 6).

Die Arbeit, deren Wärmewert dem Wärmegefälle h entspricht, setzt sich zusammen aus der Arbeit zur Überwindung der inneren Verluste $+$ der reinen Verdichtungsarbeit L_{pol}, wobei $L_{\mathrm{pol}} > L_{\mathrm{ad}}$ ist.

$L_{\mathrm{pol}} - L_{\mathrm{ad}}$ ist in Abb. 9 durch die Fläche $A_1 A_2' A_2$ dargestellt. Während mit dem i-s — Diagramm nur das Wärmegefälle und damit die gesamte aufzuwendende Arbeit ermittelt werden kann, treten im T-s — Diagramm sowohl der Wärmewert der Arbeit $A\,L_{\mathrm{pol}} = A\int v\,dP$ als auch die inneren Verluste als Flächen in Erscheinung.

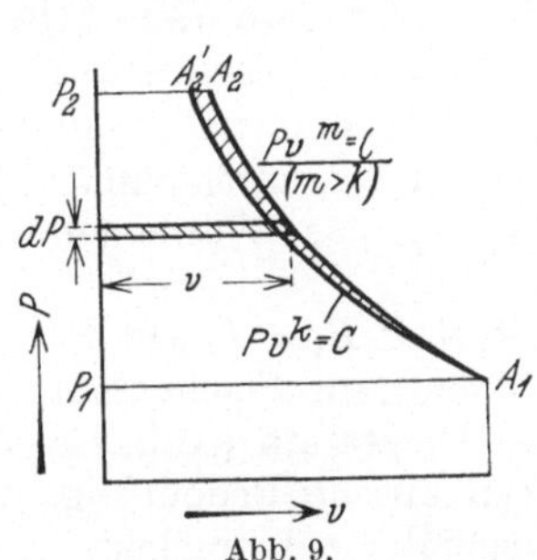

Abb. 9.

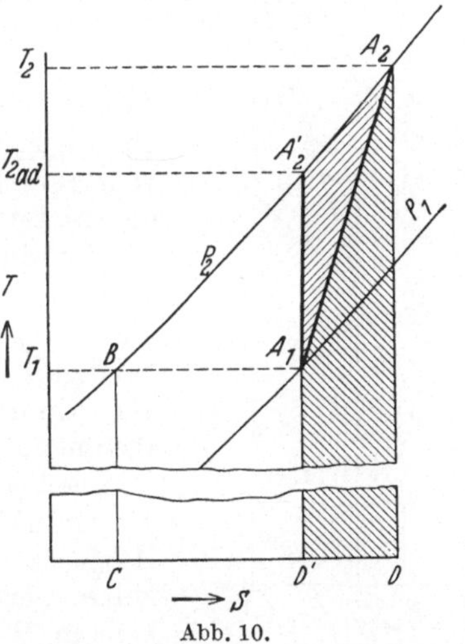

Abb. 10.

Die gesamte unter der P_2-Linie zwischen den Temperaturen T_1 und T_2 liegende Fläche BA_2DC (Abb. 10) entspricht dem Wärmegefälle $h = i_2 - i_1 = c_p\,(T_2 - T_1)$. Da nun die während der Verdichtung zugeführte Wärme, also die durch die inneren Verluste erzeugte Wärme, durch die unter der Polytrope liegende Fläche $A_1 A_2 D D'$ dargestellt wird, so muß die Restfläche $BA_2 A_1 D' C$ der Arbeit L_{pol} entsprechen. Die Mehrarbeit infolge Vergrößerung von $\int v\,dP$ wird im P-v — Diagramm und im T-s — Diagramm durch die Fläche $A_1 A_2' A_2$ dargestellt. Die Arbeit zur Überwindung der Verluste im Wärmemaß (Fläche $A_1 A_2 D D'$) ist mithin kleiner als der Zuwachs an Wärmegefälle (Fläche $A_1 A_2' A_2 D D'$). Abb. 11 zeigt das Entropiediagramm für dreistufige Verdichtung. Der Unterschied zwischen der wirklichen polytropischen und der adiabatischen Verdichtung im Wärmemaß stellt die Fläche $D' A_4''' A_4 F$ dar, die somit dem Verlust an Wärmegefälle entspricht. Der Wärmewert der inneren Verluste wird durch die Fläche unter der Polytrope $A_1 A_4 F D'$ dargestellt und ist kleiner als der Gefälleverlust. Für die erste Stufe entspricht dem Gefälleverlust die Fläche $D' A_2' A_2 D$. Da in der zweiten Stufe die Zustandsänderung von A_2 ausgeht, so gilt als adiabatische Vergleichskurve $A_2 A_3'$ und nicht $A_2' A_3''$.

Der Gefälleverlust der zweiten Stufe wird daher durch die Fläche $D A_3' A_3 E$ und der dritten Stufe durch die Fläche $E A_4' A_4 F$ dar-

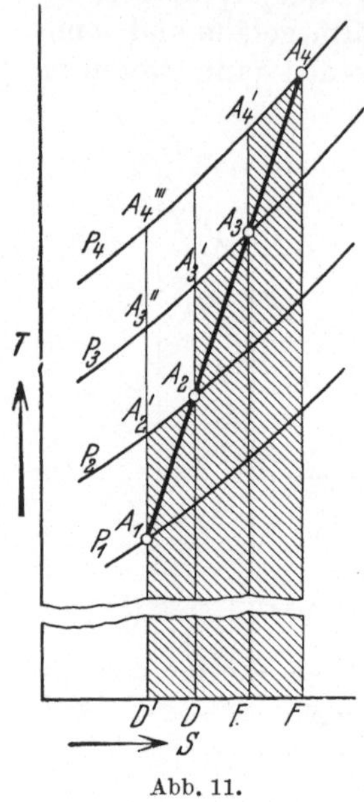

Abb. 11.

gestellt. Die Summe der drei Verluste an Wärmegefälle ist im T-s—Diagramm durch Schraffur hervorgehoben und ist kleiner als der Gesamtverlust (Fläche $D' A_4''' A_4 F$). Entsprechend der rückgewinnbaren Reibungswärme bei der Dampfturbine ergibt sich beim Kreiselverdichter ein zusätzlicher Wärmeverlust, der den Gesamtwirkungsgrad herabsetzt.

Für die Größe des gesamten Arbeitsbedarfs ist der Verlauf der Zustandskurve, die die P_2-Kurve in A_2 schneidet, vollkommen belanglos, da nur der Anfangspunkt A_1 und der Endpunkt A_2 das Wärmegefälle bestimmen.

Die Fläche $A_1 A_2 P_2 P_1 = L_{\mathrm{pol}}$ im P-v—Diagramm (Abb. 9) bzw. die Fläche $A_1 A_2 B C = A L_{\mathrm{pol}}$ im T-s—Diagramm (Abb. 10) haben keine thermodynamische Bedeutung, da sie keinem Wärmegefälle entsprechen.

Beispiel: 1 kg Luft von 15° C wird polytropisch ohne Kühlung verdichtet von 1 Atm auf 2 Atm. Die Endtemperatur betrage 105° C. Zu berechnen sind L_{pol}, Q_r und der Exponent m der Polytrope.

$$\frac{T_2}{T_1} = \left(\frac{P_2}{P_1}\right)^{\frac{m-1}{m}} \; ; \quad \frac{m-1}{m} = \frac{\log \frac{378}{288}}{\log 2} = \frac{\log 1,31}{\log 2} = 0,39 \; ; \quad m = 1,64 \,.$$

$$L_{\mathrm{pol}} = P_1 v_1 \frac{m}{m-1} \left[\left(\frac{P_2}{P_1}\right)^{\frac{m-1}{m}} - 1\right] = 10000 \cdot 0,842 \frac{1,64}{0,64} \left[2^{\frac{0,64}{1,64}} - 1\right]$$

$$= 6730 \left[\frac{\mathrm{mkg}}{\mathrm{kg}}\right] \,.$$

$$Q_r = c_p (T_2 - T_1) - A L_{\mathrm{pol}} = 0,241 (378 - 288) - 15,77$$

$$= 5,93 \left[\frac{\mathrm{kcal}}{\mathrm{kg}}\right] \,.$$

b) Verdichtung mit Kühlung.

Durch Kühlung während der Verdichtung kann erreicht werden, daß die Polytrope näher an die Adiabate zu liegen kommt, wodurch eine Verkleinerung der Verdichtungsarbeit erzielt wird. Bei ausreichender Kühlung liegt die Verdichtungskurve sogar links von der Adiabate, z. B. $A_1 A_2''$ im T-s — Diagramm (Abb. 13). Die Fläche $A_1 A_2 A_2''$ zeigt die Verkleinerung der Arbeit $\int v\,dP$ gegenüber der Verdichtung ohne Kühlung und entspricht der Fläche $A_1 A_2 A_2''$ im P-v — Diagramm (Abb. 12).

Die inneren Verluste werden jedoch durch die Kühlung nicht beeinflußt, sondern sie treten in derselben Größe auf wie bei der Verdichtung ohne Kühlung. Soll daher die angenommene polytropische Verdichtung ($A_1 A_2''$ in Abb. 13) erzielt werden, so ist durch das Kühlwasser nicht nur die Wärmemenge, die der Fläche

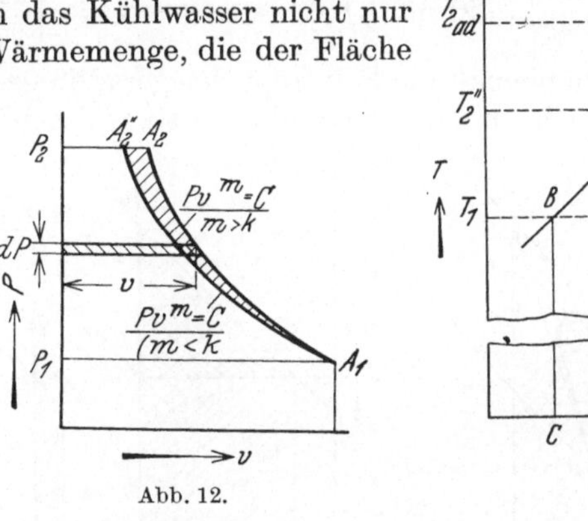

Abb. 12.

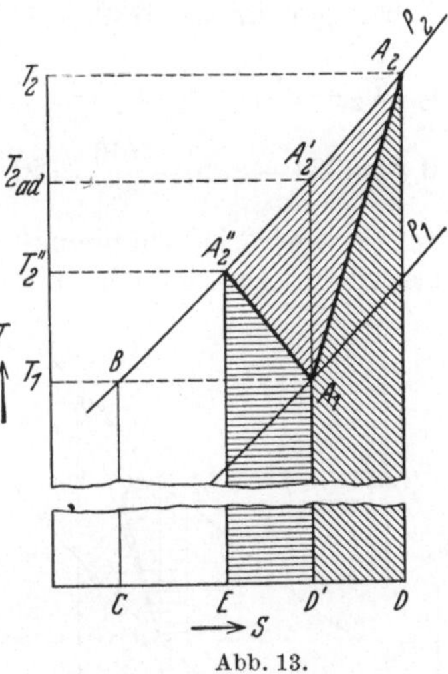

Abb. 13.

unter der Zustandskurve $A_1 A_2'' E D'$ entspricht, sondern auch die unter $A_1 A_2$ liegende Wärmefläche abzuführen. Das Gas verläßt mit einer Temperatur T_2'' den Verdichter und hat einen dieser Temperatur entsprechenden Wärmeinhalt. Würde es daher möglich sein, bei einem Kreiselverdichter eine isothermische Verdichtung zu erzielen, so müßte durch das Kühlwasser nicht nur die Wärmemenge $Q = A L_{\text{is}}$, sondern auch die unter $A_1 A_2$ liegende Wärmefläche abgeführt werden, da bei dem Kreiselverdichter immer die inneren Verluste auftreten. Letztere Verluste wurden jedoch in Kap. II, 5 nicht berücksichtigt, sondern reibungsfreie isothermische Verdichtung vorausgesetzt.

Beispiel: 1 kg Luft von 15° C wird polytropisch mit Kühlung verdichtet von 1 Atm auf 2 Atm. Die Endtemperatur der Luft betrage 51^0 C. Zu berechnen sind L_{pol}, der Arbeitsgewinn durch die Kühlung, die durch das Kühlwasser abgeführte Wärmemenge Q und der Exponent der Polytrope.

$$\frac{T_2''}{T_1}\left(\frac{P_2}{P_1}\right)^{\frac{m-1}{m}} \;;\quad \frac{m-1}{m} = \frac{\log\frac{324}{288}}{\log 2} = 0{,}168;\quad m = 1{,}21.$$

$$L_{\text{pol}} = P_1\, v_1\, \frac{m}{m-1}\left[\left(\frac{P_2}{P_1}\right)^{\frac{m-1}{m}} - 1\right] = 10000 \cdot 0{,}842\,\frac{1{,}21}{0{,}21}\left[2^{\frac{0{,}21}{1{,}21}} - 1\right]$$

$$= 6220\left[\frac{\text{mkg}}{\text{kg}}\right].$$

Der Arbeitsgewinn ist $6730 - 6220 = 510\left[\dfrac{\text{mkg}}{\text{kg}}\right]$.

$$Q = c_p\,(T_2 - T_1) - c_p\,(T_2'' - T_1) - \frac{510}{427} = 0{,}241\,(378{-}288)$$

$$- 0{,}241\,(324 - 288) - \frac{510}{427} = 21{,}66 - 8{,}66 - 1{,}18 = 11{,}82\left[\frac{\text{kcal}}{\text{kg}}\right].$$

Praktisch wird jedoch niemals die Polytrope den geradlinigen Verlauf erreichen. Da vielmehr die Wärmeabfuhr um so größer wird, je

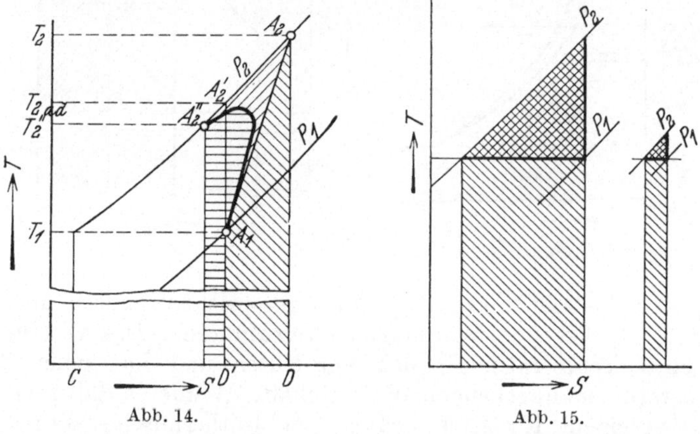

Abb. 14.   Abb. 15.

größer der Unterschied zwischen der Gas- und der Kühlwassertemperatur ist, so wird die wirkliche Verdichtungslinie zuerst nach $A_1 A_2$ verlaufen und später nach links umbiegen, wie in Abb. 14 dargestellt ist. In den letzten Stufen des Verdichters wird mehr Wärme abgeführt als entwickelt wird. Die Verdichtungslinie liegt sogar unter der Isotherme, m ist < 1. Bei kleinem Druckverhältnis wird somit eine intensive Kühlwirkung nicht eintreten können. Würde jedoch bei großem und auch bei kleinem Verdichtungsverhältnis eine isotherme Verdichtung erzielt, so ist der Arbeitsgewinn bei großem Verdichtungsverhältnis absolut und prozentual größer· wie aus Abb. 15 hervorgeht. Die doppeltschraffierten Flächen stellen den Arbeitsgewinn bei isothermer gegenüber adiabatischer Verdichtung dar.

Kreiselverdichter für Drücke bis ungefähr 2 Atm werden daher ohne Kühlung ausgeführt.

Da bei Gehäusekühlung erst eine Kühlung des Gases nach Verlassen des ersten Laufrades eintritt, so wird natürlich die Arbeitsaufnahme des Laufrades der ersten Stufe nicht durch die Kühlung verkleinert, sondern durch die Kühlung tritt erst eine Arbeitsverminderung des nächsten Rades ein.

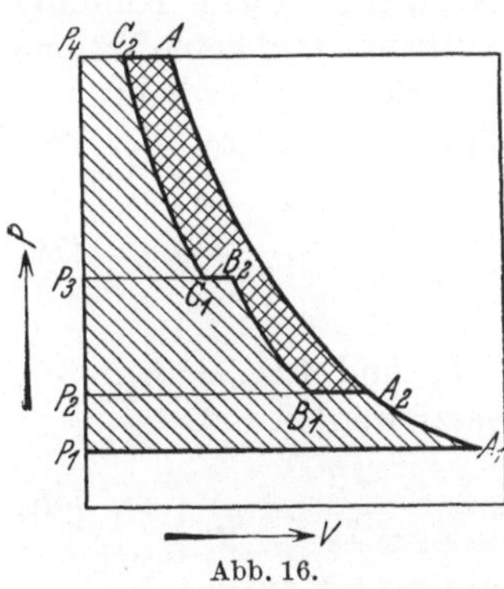

Abb. 16.

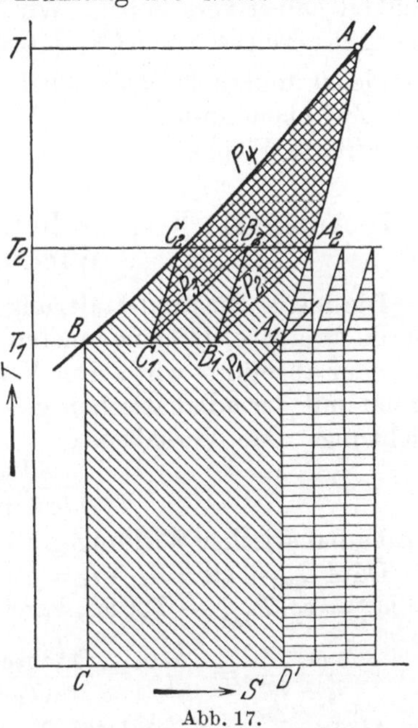

Abb. 17.

Statt der Gehäusekühlung wird bei Turbokompressoren auch oft Zwischenkühlung (Außenkühlung) angewendet. Nachdem das Gas einen bestimmten Verdichtungsdruck erreicht hat, wird es in einem besonderen Zwischen kühler abgekühlt. Bei den in Frage kommenden Kompressordrücken von 7—8 Atm wird das Gas im allgemeinen dreimal rückgekühlt. In Abb. 16 ist der Arbeitsgewinn im P-v — Diagramm bei zweimaliger Zwischenkühlung durch die doppeltschraffierte Fläche dargestellt. Dieser Arbeitsgewinn ist auch aus dem T-s — Diagramm ersichtlich (Abb. 17). Während ohne Kühlung die Verdichtung nach der Polytrope $A_1 A$ vor sich gehen würde, wird durch die Kühlung die Temperatur des Gases immer wieder erniedrigt, und zwar ist angenommen, daß das Gas bei jeder Zwischenkühlung auf die Anfangstemperatur zurückgekühlt wird, was jedoch praktisch nicht erreicht werden kann. Die Arbeitsaufnahme des ungekühlten Kompressors setzt sich aus der Arbeit $A\int vdP$ (Fläche $BAA_1D'C$) und der Reibungsarbeit Qr (Fläche unter A_1A) zusammen. Bei dem Kompressor mit Zwischenkühlung liegen die Verlustwärmen Qr_1, Qr_2, Qr_3 unter den Polytropen A_1A_2, B_1B_2, C_1C_2 und sind in dem T-s — Diagramm der Übersichtlichkeit halber verschoben. Wird nun vorausgesetzt, daß die Summe der drei Verlustwärmen $Qr_1 + Qr_2 + Qr_3 = Qr$ ist, so kann sie für den Vergleich unberücksichtigt bleiben. Die Arbeit $A\int vdP$ erfährt durch die Zwischenkühlung eine Verkleinerung, welche die doppeltschraffierte Fläche zeigt.

7. Adiabatischer, isothermischer und polytropischer Wirkungsgrad.

Die ideale Zustandsänderung für den Verdichter ohne Kühlung ist die Adiabate, da keine inneren Verluste auftreten und keine Wärme zu- oder abgeführt wird. Der Vergleich der wirklichen Verdichtungsarbeit mit der adiabatischen gilt als Maß für den Gütegrad der Verdichtung. Das Verhältnis

$$\frac{A\,L_{ad}}{A\,L_{pol} + Qr} = \eta_{ad} \tag{19}$$

wird adiabatischer Wirkungsgrad genannt.

Da $A\,L_{pol} + Qr = i_2 - i_1 = h = c_p(T_2 - T_1)$ und $A\,L_{ad} = i_{2\,ad} - i_1 = h_{ad} = c_p(T_{2\,ad} - T_1)$ ist, kann auch gesetzt werden

$$\frac{i_{2\,ad} - i_1}{i_2 - i_1} = \frac{h_{ad}}{h} = \frac{c_p(T_{2\,ad} - T_1)}{c_p(T_2 - T_1)} = \frac{T_{2\,ad} - T_1}{T_2 - T_1} = \eta_{ad}. \tag{20}$$

Als Idealprozeß wird für die Verdichtung mit Kühlung die verlustlose isothermische Verdichtung zugrunde gelegt.

Die der gesamten Arbeit L_g bei der Verdichtung mit Kühlung entsprechende Wärmemenge findet sich zum Teil im Gas wieder, seine Temperatur wird erhöht von T_1 auf T_2'', zum Teil wird sie durch das Kühlwasser abgeführt. Nach Kap. II, 6b ist durch das Kühlwasser nicht nur die Wärmemenge Qw, die der Fläche unter der Zustandskurve A_1A_2'' im T-s—Diagramm (Abb. 13) entspricht, abzuführen, sondern auch die Wärmemenge Qr, die durch die inneren Verluste erzeugt wird und unter der Zustandskurve A_1A_2 liegt. Es ist also

$$A\,L_g = c_p(T_2'' - T_1) + Qw + Qr.$$

In Abb. 13 entprechen die Wärmemenge $c_p(T_2'' - T_1)$ der Fläche $BA_2''EC$, die Wärmemenge Qw der Fläche $A_1A_2''ED'$ und die

Wärme Qr der Fläche $A_1 A_2 DD'$. Man erhält als Gütegrad für den Verdichter mit Kühlung den isothermischen Wirkungsgrad

$$\eta_{\text{is}} = \frac{L_{\text{is}}}{L_g} = \frac{A\,L_{\text{is}}}{c_p(T_2'' - T_1) + Qw + Qr}. \tag{21}$$

Würde bei einem Kreiselverdichter durch ausreichende Kühlung auch eine isothermische Verdichtung ermöglicht werden, so könnte trotzdem nicht $\eta_{\text{is}} = 1$ sein, da die Verdichtung niemals reibungsfrei ist, sondern immer innere Verluste auftreten.

Zuweilen wird auch ein polytropischer Wirkungsgrad als Gütegrad für die Verdichtung ohne Kühlung angegeben. Dieser unterscheidet sich von dem adiabatischen Wirkungsgrad dadurch, daß die tatsächlich aufgewendete Arbeit nicht mit L_{ad}, sondern mit L_{pol} verglichen wird.

Es ist

$$\eta_{\text{pol}} = \frac{A\,L_{\text{pol}}}{A\,L_{\text{pol}} + Qr} = \frac{A\,L_{\text{pol}}}{c_p(T_2 - T_1)} = \frac{A\,L_{\text{pol}}}{i_2 - i_1}. \tag{22}$$

Die Verwendung dieses Wirkungsgrades hat den Nachteil, daß $A\,L_{\text{pol}}$ nicht einem Wärmegefälle entspricht und daher nicht dem $i\text{-}s$ — Diagramm entnommen werden kann.

L_{pol} muß mit Hilfe der Formel

$$L_{\text{pol}} = P_1 v_1 \frac{m}{m-1}\left[\left(\frac{P_2}{P_1}\right)^{\frac{m-1}{m}} - 1\right]\ \left[\frac{\text{mkg}}{\text{kg}}\right] \tag{23}$$

berechnet werden. Zur Vereinfachung können jedoch die Werte für L_{pol} für verschiedene η_{pol} graphisch aufgetragen werden (Abb. 18). Der Maßstab muß natürlich so groß gewählt werden, daß die Ablesungen genügend genau werden. Die in der Kurventafel aufgetragenen Werte gelten für $P_1 = 1$ Atm und $V_1 = 1\,\text{m}^3$. Haben der Anfangsdruck und das Anfangsvolumen einen anderen Wert, so sind die aufgetragenen Werte entsprechend zu korrigieren. Da nach Gl. 23 die polytropische Verdichtungsarbeit proportional dem Anfangsdruck und dem Anfangsvolumen ist, so müssen die aus den Kurven abgelesenen Werte mit dem wirklichen Ansaugedruck und dem Ansaugevolumen multipliziert werden.

Die Verwendung des η_{pol} hat den Vorteil, daß η_{pol} unabhängig vom Druckverhältnis konstant angenommen werden kann, während der η_{ad} mit zunehmendem Druckverhältnis abnimmt. Wegen des zusätzlichen Wärmeverlustes (Kap. II, 6a) ist die Summe der adiabatischen Einzelgefälle bei mehrstufigen Verdichtern größer als das adiabatische Gefälle vom Anfangszustand aus. Will man also für beliebige Verdichtungsverhältnisse mit η_{ad} rechnen, so muß η_{ad}

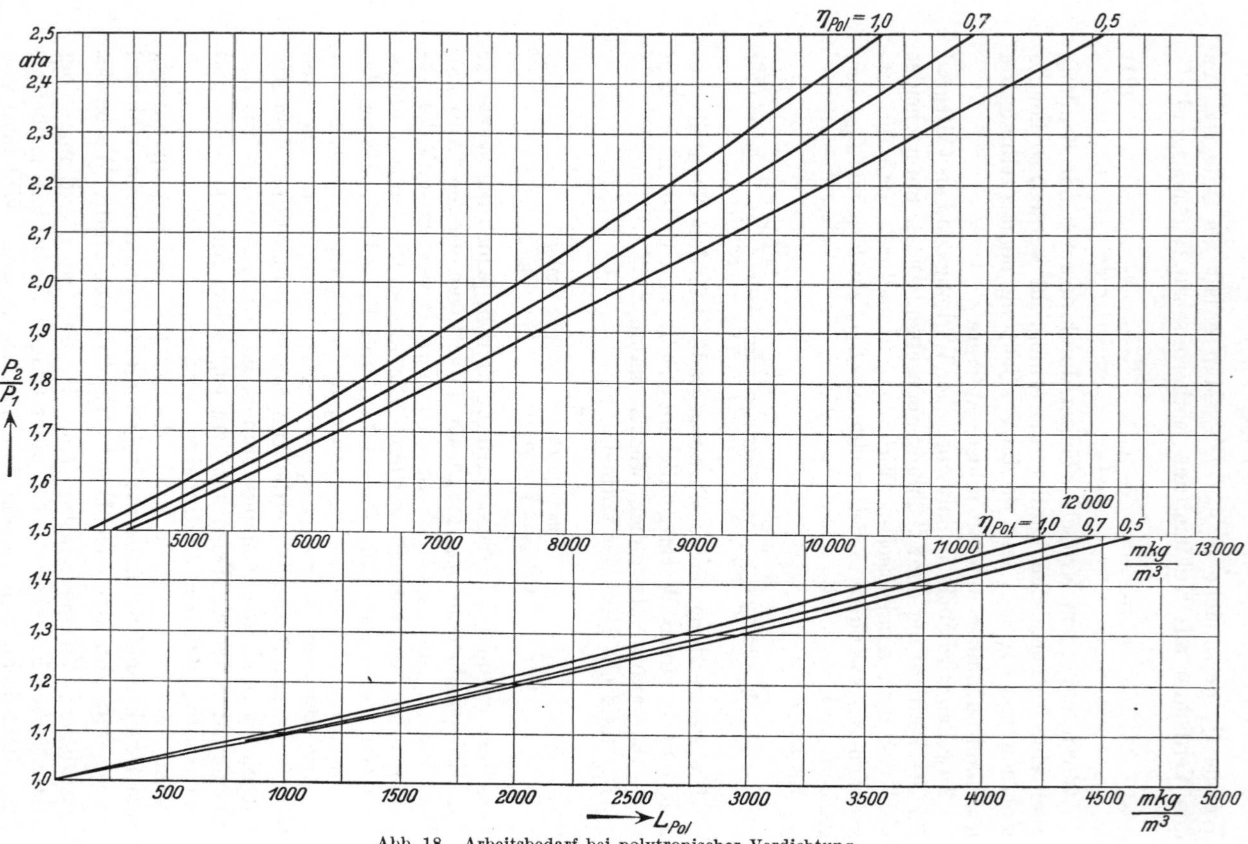

Abb. 18.   Arbeitsbedarf bei polytropischer Verdichtung.

mit einem Faktor ähnlich dem Wärmerückgewinnfaktor bei Dampfturbinen korrigiert werden[1].

Die Größe des Exponenten m der Polytrope ist durch η_{pol} festgelegt. Wird nämlich in

$$\eta_{\mathrm{pol}} = \frac{A L_{\mathrm{pol}}}{A L_{\mathrm{pol}} + Qr}$$

der aus der Wärmemechanik bekannte Wert für die zugeführte Wärme

$$Qr = \frac{m - k}{m(k - 1)} \cdot A L_{\mathrm{pol}}$$

eingesetzt, so wird

$$\eta_{\mathrm{pol}} = \frac{A L_{\mathrm{pol}}}{A L_{\mathrm{pol}} + \dfrac{m - k}{m(k - 1)} \cdot A L_{\mathrm{pol}}} = \frac{m(k - 1)}{k(m - 1)} \, . \tag{24}$$

Beispiel: Wie groß sind η_{ad}, η_{pol} und η_{is} für die früheren Beispiele?

$$A L_{\mathrm{ad}} = \frac{6480}{427} = 15{,}2 \left[\frac{\mathrm{kcal}}{\mathrm{kg}}\right]$$

$$A L_{\mathrm{pol}} = \frac{6730}{427} = 15{,}77 \left[\frac{\mathrm{kcal}}{\mathrm{kg}}\right]$$

$$A L_{\mathrm{is}} = \frac{5850}{427} = 13{,}7 \left[\frac{\mathrm{kcal}}{\mathrm{kg}}\right]$$

$$\eta_{\mathrm{ad}} = \frac{A L_{\mathrm{ad}}}{A L_{\mathrm{pol}} + Qr} = \frac{15{,}2}{15{,}77 + 5{,}93} = 0{,}7$$

$$= \frac{T_{2\,\mathrm{ad}} - T_1}{T_2 - T_1} = \frac{351 - 288}{378 - 288} = 0{,}7$$

$$\eta_{\mathrm{pol}} = \frac{A L_{\mathrm{pol}}}{A L_{\mathrm{pol}} + Qr} = \frac{15{,}77}{15{,}77 + 5{,}93} =$$

$$= \frac{m(k - 1)}{k(m - 1)} = \frac{1{,}64(1{,}4 - 1)}{1{,}4(1{,}64 - 1)} = 0{,}732$$

$$\eta_{\mathrm{is}} = \frac{A L_{\mathrm{is}}}{c_p(T_2'' - T_1) + Qw + Qr} = \frac{13{,}7}{0{,}241(324 - 288) + 5{,}89 + 5{,}93} = 0{,}66 \, .$$

8. Energiebilanz des Turbokompressors.

Die der Antriebsleistung des Turbokompressors gleichwertige Wärme wird teilweise von dem Gas aufgenommen, teilweise durch das Kühlwasser abgeführt. Ferner entspricht der Lagerreibung eine Wärmemenge, und schließlich geht durch Strahlung des Kompressorgehäuses und durch Stopfbüchsenverluste eine kleine Wärmemenge verloren.

---

[1] Vgl. Landsberg: Die Vergrößerung des Wärmegefälles durch die Verluste. Z. techn. Phys. **10**, Nr. 5 (1929).

Die Energiebilanz des Turbokompressors lautet daher:

$$Q = 860 \cdot N_{\text{eff}} = Q_l + Q_w + Q_s + Q_m + Q_{st} \left[\frac{\text{kcal}}{\text{h}} \right]. \tag{25}$$

Q = der Leistung an der Kompressorkupplung gleichwertige Wärme $\left[\dfrac{\text{kcal}}{\text{h}} \right]$.

N_{eff} = Leistung an der Kupplung in KW.

Q_l = von dem verdichteten Gas aufgenommene Wärme $\left[\dfrac{\text{kcal}}{\text{h}} \right]$.

Q_w = vom Kühlwasser abgeführte Wärme $\left[\dfrac{\text{kcal}}{\text{h}} \right]$.

Q_s = vom Gehäuse durch Strahlung und Berührung abgeführte Wärme $\left[\dfrac{\text{kcal}}{\text{h}} \right]$.

Q_m = der Lagerreibung entsprechende Wärme $\left[\dfrac{\text{kcal}}{\text{h}} \right]$.

Q_{st} = durch Gasverluste in den Stopfbüchsen abgeführte Wärme $\left[\dfrac{\text{kcal}}{\text{h}} \right]$.

III. Theorie des Kreiselverdichters.

1. Hauptgleichung und theoretische Förderhöhe bei unendlich vielen Schaufeln.

Die von dem Laufrad an 1 kg Gas übertragene Energie kann am einfachsten mit Hilfe des Satzes vom Drall berechnet werden. Der Zuwachs des Dralles oder des Moments der Bewegungsgröße ist gleich dem Moment des Antriebs.

Der Drall nimmt von $\dfrac{1}{g}\, c_{1u} \cdot r_1$ auf $\dfrac{1}{g}\, c_{2u} \cdot r_2$ (Abb. 19) zu, folglich ist das Drehmoment

$$M_d = \frac{1}{g} \left(c_{2u} \cdot r_2 - c_{1u} \cdot r_1 \right)$$

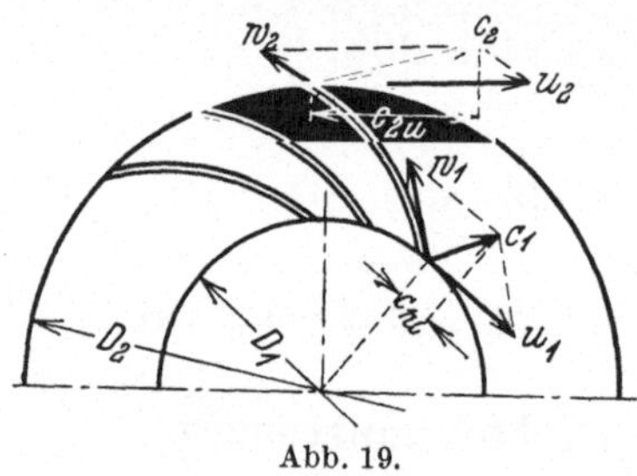

Abb. 19.

und die auf $1\, \dfrac{\text{kg}}{\text{sec}}$ Gas übertragene Arbeit

$$L = M_d \cdot \omega = \frac{1}{g} \left(u_2 c_{2u} - u_1 c_{1u} \right) \left[\frac{\text{mkg}}{\text{kg}} \right].$$

Durch Versuche ist festgestellt, daß das Gas radial in den Schaufelkanal eintritt, sofern es nicht durch vor das Laufrad geschaltete

Leitbleche eine Richtungsänderung erfährt. Da bei radialem Eintritt $c_{1u} = 0$ ist, wird

$$L = \frac{1}{g}\, u_2\, c_{2u} \left[\frac{\text{mkg}}{\text{kg}}\right].$$

L ist der Dimension nach nicht eine Arbeit, sondern eine Druckhöhe in m Gassäule. Für L wird daher $H_{\text{theor}\infty}$ gesetzt, und stellt die theoretische Druckhöhe bei unendlich vielen Laufschaufeln dar. Es ist somit

$$H_{\text{theor}\infty} = \frac{1}{g}\,(u_2\, c_{2u} - u_1\, c_{1u})\ [\text{m Gassäule}] \tag{26}$$

$$\text{(I. Hauptgleichung)}$$

oder bei radialem Eintritt

$$H_{\text{theor}\infty} = \frac{1}{g}\, u_2\, c_{2u}\ [\text{m Gassäule}]. \tag{27}$$

Nach dem Eintrittsdiagramm (Abb. 19) ist

$$w_1^2 = c_1^2 + u_1^2 - 2\, c_1\, u_1 \cos\alpha_1,$$

und nach dem Austrittsdiagramm (Abb. 19) ist

$$w_2^2 = c_2^2 + u_2^2 - 2\, c_2\, u_2 \cos\alpha_2,$$

also ist

$$u_1\, c_1 \cos\alpha_1 = u_1\, c_{1u} = \frac{c_1^2 + u_1^2 - w_1^2}{2}$$

$$u_2\, c_2 \cos\alpha_2 = u_2\, c_{2u} = \frac{c_2^2 + u_2^2 - w_2^2}{2}.$$

Diese Werte in Gleichung 26 eingesetzt, ergibt

$$H_{\text{theor}\infty} = \frac{1}{2g}\,(c_2^2 - c_1^2 + u_2^2 - u_1^2 + w_1^2 - w_2^2)\ [\text{m Gassäule}]. \tag{28}$$

$$\text{(II. Hauptgleichung)}$$

Aus dieser II. Hauptgleichung der Kreiselmaschinen geht hervor, daß die von dem Laufrad an 1 kg Gas übertragene Energie dazu verwendet wird, um einerseits die kinetische Energie des Gases zu erhöhen $= \dfrac{c_2^2 - c_1^2}{2g}$ und andererseits die potentielle Energie zu vergrößern, die als statischer Überdruck oder Spaltdruck $= \dfrac{u_2^2 - u_1^2}{2g} + \dfrac{w_1^2 - w_2^2}{2g}$ hinter dem Laufrad gemessen werden kann. Die kinetische Energie muß erst in einem das Laufrad umschließenden Leitrad oder Diffusor in Druck umgesetzt werden. Das Verhältnis des hinter dem Laufrad vorhandenen Überdrucks oder Spaltdrucks zu der gesamten Druckerhöhung in der Stufe wird mit Reaktionsgrad des Rades bezeichnet.

2. Theoretische Förderhöhe bei verschiedenen Laufschaufeln.

Es ist nun möglich, durch verschiedene Schaufelformen den Reaktionsgrad zu ändern. In Abb. 20 sind drei charakteristische

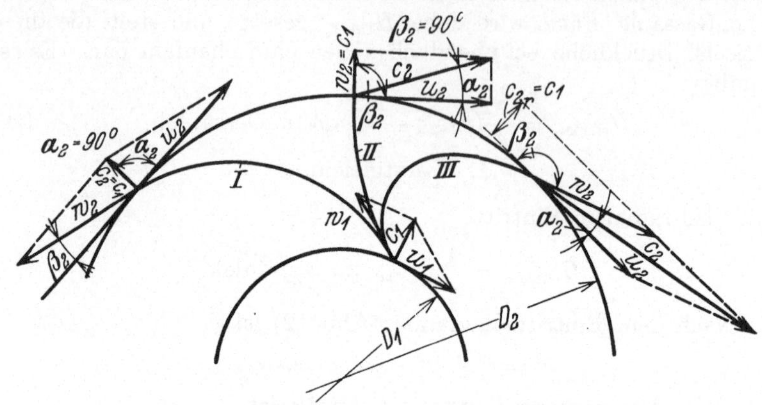

Abb. 20. Laufschaufeln mit verschiedenen Austrittswinkeln.

Schaufelformen und in Abb. 21 die zugehörigen Förderhöhen dargestellt. Die Eintrittsverhältnisse sind für jede Schaufelform unverändert, nur ist der Austrittswinkel β_2 geändert. Zur Vereinfachung der Betrachtung wird für die drei Schaufelformen angenommen, daß die radiale Austrittsgeschwindigkeit $c_{2r} = c_2 \cdot \sin \alpha_2 = c_1 = c_{1r}$ ist, was durch richtige Wahl der Radbreiten b_2 und b_1 leicht erreicht werden kann.

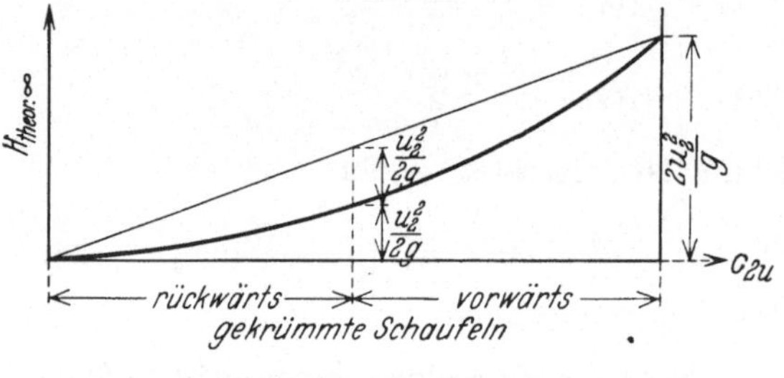

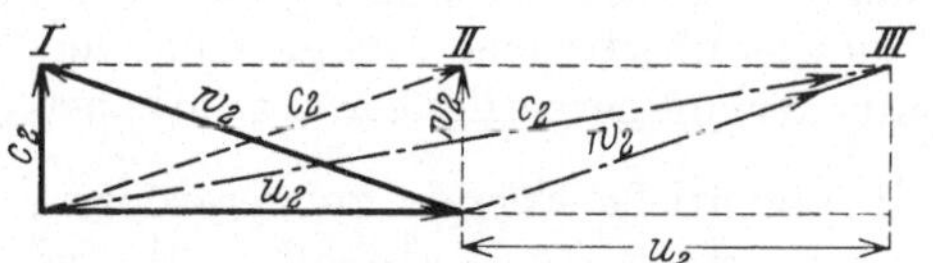

Abb. 21. Austrittsdreiecke und theor. Förderhöhen bei verschiedenen Schaufelformen.

Bei Schaufel I ist β_2 so klein gewählt, daß c_2 radial gerichtet ist, d. h. $\alpha_2 = 90^0$. Da $c_{2u} = 0$ ist, wird

$$H_{\text{theor}\infty} = \frac{u_2 \cdot c_{2u}}{g} = 0.$$

Die Schaufel II endet radial, also ist $\beta_2 = 90^0$.

Jetzt ist $c_{2u} = u_2$ und $H_{\text{theor}\infty} = \dfrac{u_2^2}{g}$.

Aus dem Austrittsdreieck folgt

$$c_2^2 - c_{2r}^2 = c_2^2 - c_1^2 = u_2^2, \quad \text{also auch} \quad \frac{c_2^2 - c_1^2}{2g} = \frac{u_2^2}{2g} = \frac{H_{\text{theor}\infty}}{2}.$$

Das Gas hat bei Austritt aus dem Laufrad zu gleichen Teilen kinetische und potentielle Energie.

Die Schaufel III ist so weit nach vorwärts gekrümmt, daß $\beta_2 = 180 - (\beta_2$ der Schaufel I) ist.

Es wird $c_2 \cos \alpha_2 = 2 u_2$ und damit $H_{\text{theor}\infty} = \dfrac{2\,u_2^2}{g}$, also doppelt so groß wie bei Schaufel II.

Ferner ist $c_2^2 - c_{2r}^2 = c_2^2 - c_1^2 = (2\,u_2)^2$, also auch

$$\frac{c_2^2 - c_1^2}{2g} = \frac{2\,u_2^2}{g} = H_{\text{theor}\infty}.$$

Die theoretische Förderhöhe der Schaufel III ist doppelt so groß wie die Förderhöhe der Schaufel II.

Das Gas hat jedoch nur kinetische Energie bei dem Austritt aus dem Laufrad. Der Spaltdruck ist also gleich null.

Die drei betrachteten Schaufelformen zeigen, daß bei gleicher Umfangsgeschwindigkeit u_2 des Laufrades die theoretische Förderhöhe bei der vorwärtsgekrümmten Schaufel am größten ist. Die Druckumsetzung der bei dieser Schaufel vorhandenen kinetischen Energie erfolgt jedoch mit schlechtem Wirkungsgrad im Leitrad. Es werden deshalb für Kreiselverdichter trotz der erforderlichen größeren Umfangsgeschwindigkeit rückwärtsgekrümmte Schaufeln mit $\beta_2 = 40^0$ bis 60^0 verwendet.

3. Theoretische Förderhöhe bei endlicher Schaufelzahl.

Für die theoretische Förderhöhe in m-Gassäule wurde die Gleichung 27

$$H_{\text{theor}\infty} = \frac{1}{g}\,u_2 c_{2u}$$

gefunden. Diese Gleichung setzt aber Strömung des Gases mit parallelen Stromfäden im Schaufelkanal voraus, die nur möglich ist bei unendlich vielen Schaufeln. Das vom Rade ausgeübte Drehmoment ist gleich der an das Gas übertragenen Totalenergie. Würde der statische Druck des Gases vor und hinter der Laufschaufel bezogen auf den gleichen Radius gleich groß sein, so könnte jedoch kein Drehmoment zustande kommen. Die Gaspressung muß deshalb auf beiden Seiten der Schaufel verschieden groß sein, und zwar muß der Druck auf der Vorderseite der Schaufel größer sein als auf der Rückseite. Die längs eines Parallelkreises übertragene Totalenergie setzt sich aus Druck- und Geschwindigkeitsenergie zusammen, und es folgt, daß die Geschwindigkeitsenergie dort am kleinsten sein wird, wo der größte statische Druck herrscht, also vor der Schaufel. Bei endlicher Schaufelzahl werden die Geschwindigkeiten längs eines Parallelkreises niemals, wie Abb. 22 zeigt, gleich sein, sondern stets ist die Geschwindigkeit auf der Schaufelrückseite größer als auf der Schaufelvorderseite (Abb. 23). Es wird sich sogar

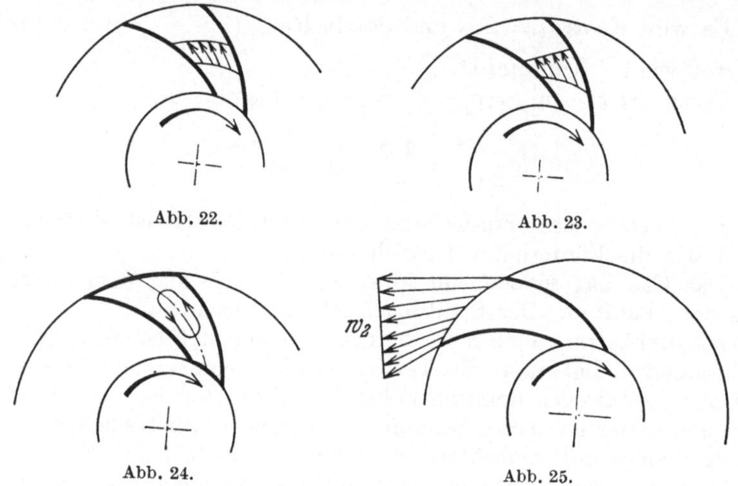

Abb. 22.   Abb. 23.

Abb. 24.   Abb. 25.

bei einem geschlossenen in Drehung versetzten Kanal eine relative Kanalströmung einstellen, wie Abb. 24 zeigt. Infolge der unregelmäßigen Strömung, unterstützt durch Ablösung der Strömung von der Wandung infolge der Kanalerweiterung, werden die Stromfäden nicht der Schaufel folgen, sondern rückwärts entgegengesetzt der Drehrichtung abbiegen (Abb. 25). Das theoretische strichpunktierte Diagramm $A_2 B_2 C_2$ (Abb. 26) erhält die ausgezogene Form $A_2 B_2' C_2$. Das Gas wird durch den Schaufeldruck am Laufradumfang entgegen der Drehrichtung abgelenkt, wodurch die maßgebende Umfangskomponente c_{2u}' bei endlicher Schaufelzahl kleiner als die scheinbare Umfangskomponente c_{2u} bei unendlicher Schaufelzahl wird. Diese Verkleinerung von c_{2u} bedeutet jedoch keinen Verlust, sondern eine kleinere Energieübertragung von dem Laufrad an das Gas. Auch bei dem Eintritt in das Laufrad findet eine Ablenkung der Relativgeschwindigkeit statt, die aber sehr klein ist und deshalb in der Regel nicht berücksichtigt zu werden braucht[1].

Bei endlicher Schaufelzahl wird somit

$$H_{\text{theor}} = \frac{1}{g}\, u_2\, c'_{2u}\,.$$

Das strichpunktierte Dreieck $A\,B_2\,C_2$ (Abb. 26) ist maßgebend für den Austrittswinkel β_2 der Laufschaufel, das ausgezogene Dreieck für den Eintrittswinkel der Leitschaufel und für die Berechnung der Förderhöhe H_{theor}.

Die Verkleinerung der Förderhöhe durch die Strahlablenkung kann mit Hilfe einer von Pfleiderer[2] entwickelten Näherungsgleichung berechnet werden. Es ist

$$H_{\text{theor}} = \frac{H_{\text{theor}\infty}}{1 + 2\,\dfrac{\mu}{z}\,\dfrac{\sin\beta_2}{1 - \left(\dfrac{D_1}{D_2}\right)^2}}\,,\qquad(29)$$

worin bedeuten

μ eine Erfahrungszahl $= \sim 1{,}6$ bis 2.

z die Laufschaufelzahl.

β_2 der Austrittswinkel der Laufschaufel,

D_1 und D_2 die Ein- und Austrittsdurchmesser der Laufschaufeln.

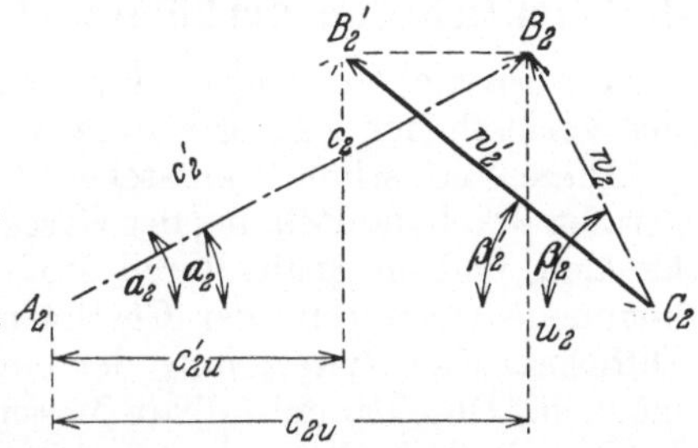

Im Mittel kann für rückwärtsgekrümmte Schaufeln mit $\beta_2 = 40^0$ bis 60^0 gesetzt werden

Abb. 26.

$$\frac{H_{\text{theor}}}{H_{\text{theor}\infty}} = \varepsilon = \sim 0{,}85\,.\qquad(30)$$

Es sei hier noch auf ein Näherungsverfahren hingewiesen, das in der Praxis oft zur Berechnung der Förderhöhe H_{theor} bei endlicher Schaufelzahl angewendet wird.

Da von dem Querschnitt $A\,B$ (Abb. 27) an das Gas nicht beidseitig geführt wird, so kann von der Laufschaufel keine nennenswerte

[1] Kuckarski: Strömungen einer reibungsfreien Flüssigkeit. München 1918. — Spannhacke: Hydraulische Probleme. VDJ Verlag. — Störensen: Potentialströmungen durch rotierende Kreiselräder. Z. angew. Math. u. Mech. 1927. — Schultz: Das Förderverhältnis radialer Kreiselpumpen. Z. angew. Math. u. Mech. 1928.

[2] Pfleiderer: Die Kreiselpumpen. Berlin: Julius Springer 1924.

Energie mehr an das Gas übertragen werden. Wird für das Austrittsdreieck ABC der Schwerpunkt S ermittelt und dessen Abstand von der Drehachse als rechnerischer Radius r_2' zugrunde

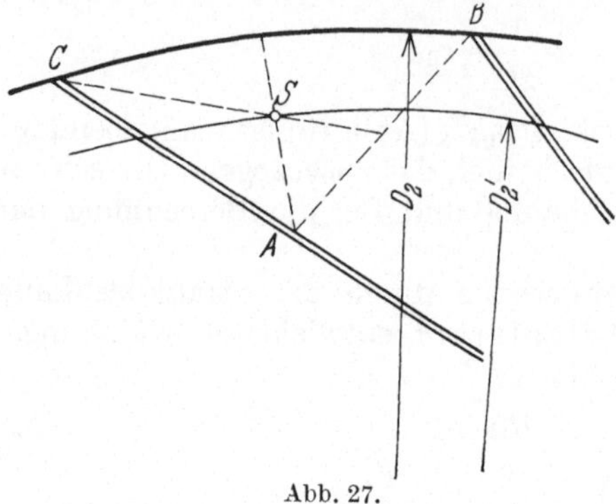

Abb. 27.

gelegt, so ergibt sich mit diesem kleineren Halbmesser und der entsprechenden kleineren Umfangsgeschwindigkeit eine Förderhöhe, die gut mit der Förderhöhe bei endlicher Schaufelzahl übereinstimmt. Allerdings gibt dieses Näherungsverfahren nur gute Werte für die obengenannten Winkel β_2.

4. Wirkliche Förderhöhe und Umsetzungswirkungsgrad.

Die wirklich erreichbare Förderhöhe H_{eff} ist nun um die Summe der Verlusthöhen kleiner als die theoretische Förderhöhe H_{theor}.

Diese Verlusthöhen entstehen durch Strömungsverluste, hervorgerufen durch die Reibung des Gases in den Lauf-, Leit- und Umkehrkanälen, und im Spalt, durch Stoß- und Wirbelverluste und unvollkommene Umsetzung der Geschwindigkeitsenergie im Leitrad oder Diffusor. Eine Berechnung der einzelnen Verluste ist nicht sicher möglich. Durch unmittelbare Messung von H_{eff} können jedoch diese Verluste in ihrer Gesamtheit und damit der Umsetzungswirkungsgrad

$$\eta_u = \frac{H_{\mathrm{eff}}}{H_{\mathrm{theor}}} \tag{31}$$

bestimmt werden.

5. Effektiver Wirkungsgrad.

In Abb. 28 sind graphisch die Förderhöhen aufgetragen.

$H_{\mathrm{theor}_\infty}$ entspricht der Förderhöhe bei unendlich vielen Laufschaufeln, H_{theor} bei endlicher Laufschaufelzahl. Werden von H_{theor} die Höhen, welche einen Druckverlust hervorrufen, in Abzug gebracht, so bleibt H_{eff}. Der statische Überdruck hinter dem Laufrad $= H_{\mathrm{stat}}$ (Spaltdruck) ergibt sich durch Abzug der Geschwindigkeitsenergie des Gases bei Verlassen des Laufrades von der Totalenergie des Gases hinter dem Laufrad. Werden zu H_{theor} noch die Verluste, die keinen Druckverlust, aber eine Vergrößerung der Leistungsaufnahme hervor-

rufen, also die Reibungswiderstände an den Seitenwänden der Laufräder ausgedrückt in m-Gassäule $= H_r$, die Verluste in den Stopfbüchsen $= H_{st}$, die Verluste im Ausgleichkolben $= H_a$ und die
mechanischen Verluste $= H_m$ hinzuaddiert, so erhält man mit H_{tot}
die Arbeitsaufnahme je 1 kg Gas an der Verdichterkupplung.

Der effektive Wirkungsgrad bezogen auf die Verdichterkupplung
ist somit

$$\eta_{eff} = \frac{H_{eff}}{H_{tot}} = \frac{H_{eff}}{H_{theor} + H_r + H_{st} + H_a + H_m} . \tag{32}$$

In ihm sind sämtliche Verluste des Verdichters, also auch die Verluste, die keine Tem-
peraturerhöhung des
Gases verursachen,
enthalten. Er ist da-
her etwas kleiner als
η_{pol}.

Ist umgekehrt η_{eff}
bekannt, so kann die
Leistungsaufnahme an
der Verdichterkupp-
lung je 1 kg Gas be-
rechnet werden mit

$$H_{tot} = \frac{H_{eff}}{\eta_{eff}} \left[\frac{mkg}{kg} \right] . \tag{33}$$

6. Druckhöhen-ziffer.

Mit ε und η_u wird

$$H_{eff} = \frac{1}{g} u_2 c_{2u} \cdot \varepsilon \cdot \eta_u .$$

Wird ferner $u_2 \cdot c_{2u} = u_2^2 \cdot \varphi$ gesetzt, so ist

$$H_{eff} = \frac{1}{g} u_2^2 \cdot \varepsilon \cdot \eta_u \cdot \varphi .$$

Werden nun x Stu-
fen, die gleiche Ge-
schwindigkeitsverhält-
nisse und gleiche Wir-

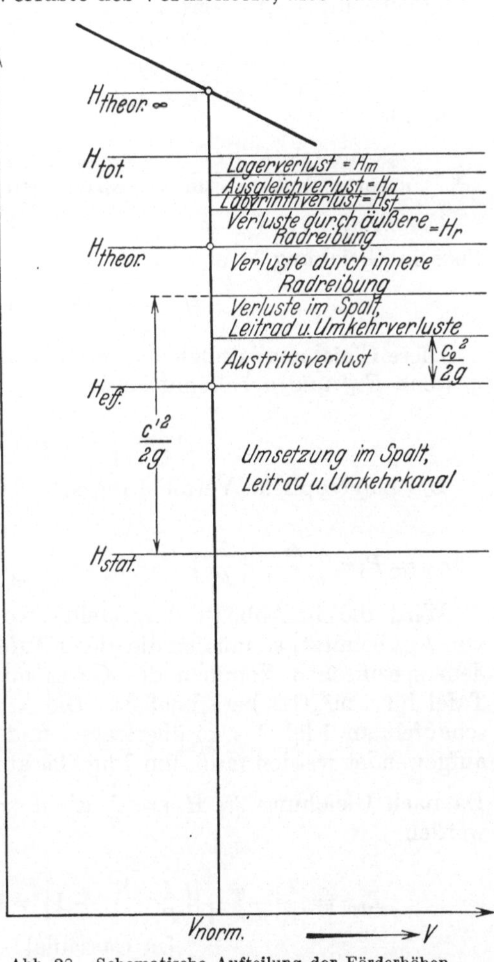

Abb. 28. Schematische Aufteilung der Förderhöhen.

kungsgrade haben, hintereinandergeschaltet, so wird die Druckhöhe

$$H_{\text{eff}} = \frac{1}{g}\, u_2^2 \cdot \varepsilon \cdot \eta_u \cdot \varphi \cdot x\,. \tag{34}$$

ε und η_u sind durch den Versuch bzw. ε auch durch Berechnung zu
ermitteln, φ kann durch folgende Überlegung berechnet werden.

Es ist $\varphi = \dfrac{c_{2u}}{u_2} = \dfrac{c_2 \cos \alpha_2}{u_2}$ und nach dem Sinussatz in dem Austrittsdreieck (Abb. 26)

$$\frac{\sin 180 - (\alpha_2 + \beta_2)}{\sin \beta_2} = \frac{\sin (\alpha_2 + \beta_2)}{\sin \beta_2} = \frac{u_2}{c_2} = \frac{u_2 \cos \alpha_2}{c_2 \cos \alpha_2}$$

$$c_{2u} = c_2 \cos \alpha_2 = \frac{u_2 \cos \alpha_2 \cdot \sin \beta_2}{\sin (\alpha_2 + \beta_2)}\,.$$

Somit

$$\varphi = \frac{u_2 \cos \alpha_2 \cdot \sin \beta_2}{u_2 \sin (\alpha_2 + \beta_2)} = \frac{\cos \alpha_2 \cdot \sin \beta_2}{\sin \alpha_2 \cdot \cos \beta_2 + \cos \alpha_2 \cdot \sin \beta_2} = \frac{\operatorname{tg} \beta_2}{\operatorname{tg} \alpha_2 + \operatorname{tg} \beta_2}\,.$$

Das Produkt $\varepsilon \cdot \eta_u \cdot \varphi = \mu$ wird Druckhöhenziffer genannt. Wird
diese in Gleichung 34 eingesetzt, so erhält man

$$H_{\text{eff}} = \frac{1}{g}\, u_2^2 \cdot \mu \cdot x\,. \tag{35}$$

Diese Gleichung ermöglicht eine schnelle Bestimmung von u_2 und
x, wenn H_{eff} und μ bekannt sind

$$u_2 = \sqrt{\frac{g \cdot H_{\text{eff}}}{\mu \cdot x}}\,. \tag{36}$$

Die polytropische Verdichtungsarbeit für 1 kg Gas ist

$$L_{\text{pol}} = P_1 v_1 \frac{m}{m-1}\left[\left(\frac{P_2}{P_1}\right)^{\frac{m-1}{m}} - 1\right] = \frac{P_1}{\gamma_1}\frac{m}{m-1}\left[\left(\frac{P_2}{P_1}\right)^{\frac{m-1}{m}} - 1\right]\left[\frac{\text{mkg}}{\text{kg}}\right]\,.$$

Wird die in Abb. 18 dargestellte Kurventafel zur Berechnung
von L_{pol} benutzt, so müssen die dieser Tafel entnommenen Werte mit
dem spezifischen Volumen des Gases multipliziert werden, da die
Tafel für 1 m³ Gas berechnet ist. Die Arbeit L_{pol} ist von den Laufschaufeln an 1 kg Gas zu übertragen und entspricht der Arbeit, die
aufgewendet werden muß, um 1 kg Gas auf die Höhe H_{eff} zu fördern.

Da nach Gleichung 35 $H_{\text{eff}} = \dfrac{1}{g}\, u_2^2 \cdot \mu \cdot x$ ist, kann daher gesetzt
werden

$$L_{\text{pol}} = \frac{P_1}{\gamma_1}\frac{m}{m-1}\left[\left(\frac{P_2}{P_1}\right)^{\frac{m-1}{m}} - 1\right] = H_{\text{eff}} = \frac{1}{g}\, u_2^2 \cdot \mu \cdot x \tag{37}$$

$$[\text{m-Gassäule}]\,.$$

Bei kleinen Druckverhältnissen ändert sich das Volumen bei der Verdichtung so wenig, daß genügend genau

$$L_{\text{pol}} = v_1 (P_2 - P_1) = \frac{P_2 - P_1}{\gamma_1} = H_{\text{eff}} \left[\frac{\text{mkg}}{\text{kg}} \text{ oder m-Gassäule} \right]$$

gesetzt werden kann. Der Fehler bei Verwendung der letzten Gleichung wird um so größer sein, je größer das Druckverhältnis ist. Zahlentafel 2 gibt die Fehlergrößen für verschiedene Druckverhältnisse an.

Zahlentafel 2.

$\dfrac{P_2}{P_1}$	1,05	1,1	1,2	1,5	2,0
Fehlergröße in vH . .	1,5	2,5	5,0	12	20

In Gleichung 37 ist die Veränderung des spezifischen Volumens berücksichtigt, obwohl nur das spezifische Gewicht γ_1 im Ansaugezustand eingesetzt ist.

7. Belastungsziffer.

Die Größe der Druckhöhenziffer μ ändert sich abhängig von der Belastung des Rades, die durch die Belastungsziffer δ ausgedrückt wird

$$\delta = \frac{V_{\text{sec}}}{u_2 \cdot R_2^2}, \tag{38}$$

$V_{\text{sec}} = $ angesaugtes Volumen $\left[\dfrac{\text{m}^3}{\text{sec}} \right]$,

$u_2 \; = $ Umfangsgeschwindigkeit des Laufrades $\left[\dfrac{\text{m}}{\text{sec}} \right]$,

$R_2 \; = $ Halbmesser des Laufrades $[\text{m}]$.

Prof. Rateau, der die Koeffizienten μ und δ in die Rechnung von Kreiselverdichtern einführte, hat bereits nachgewiesen, daß unabhängig von der Umfangsgeschwindigkeit des Laufrades η_{pol} unverändert bleibt, wenn sich die Belastungsziffer δ nicht ändert.

8. Unterschied zwischen η_{pol} und η_{eff}.

Es wurde bereits auf den Unterschied zwischen η_{eff} und η_{pol} hingewiesen. Beide Wirkungsgrade unterscheiden sich nur durch die Verluste, die keine Temperaturerhöhung des Gases hervorrufen, also die mechanischen Verluste.

Nach Gleichung 32 ist

$$\eta_{\text{eff}} = \frac{H_{\text{eff}}}{H_{\text{theor}} + H_r + H_{st} + H_a + H_m} .$$

Es kann somit η_{pol} gesetzt werden

$$\eta_{\mathrm{pol}} = \frac{H_{\mathrm{eff}}}{H_{\mathrm{theor}} + H_r + H_{st} + H_a} \tag{39}$$

oder nach Gleichung 22

$$\eta_{\mathrm{pol}} = \frac{A\,L_{\mathrm{pol}}}{A\,L_{\mathrm{pol}} + Qr} = \frac{A\,L_{\mathrm{pol}}}{c_p\,(T_2 - T_1)} = \frac{A\,L_{\mathrm{pol}}}{i_2 - i_1} \,.$$

9. Radreibungsverlust.

Die Widerstandsarbeit zur Überwindung der Gasreibung an den Seitenwänden der Laufräder ist

$$Nr = K \cdot \gamma_m \cdot D_2^2 \cdot u_2^3 \cdot x \cdot 10^{-6} \ [\mathrm{PS}] \,. \tag{40}$$

K ändert sich mit dem Abstand der Radscheibe von der Gehäusewandung, im Mittel kann $K = 1{,}55$ gesetzt werden, x bedeutet die Zahl der Laufräder.

Da die Leistungsaufnahme des Verdichters

$$N_{\mathrm{eff}} = \frac{V_m \cdot \gamma_m \cdot H_{\mathrm{eff}}}{75 \cdot \eta_{\mathrm{eff}}} \ [\mathrm{PS}] \,,$$

ist, so wird Nr in Prozenten von N_{eff}

$$\frac{Nr}{N_{\mathrm{eff}}} = \frac{1{,}55 \cdot \gamma_m \cdot D_2^2 \cdot u_2^3 \cdot x \cdot 10^{-6} \cdot 75 \cdot \eta_{\mathrm{eff}}}{V_m \cdot \gamma_m \cdot H_{\mathrm{eff}}} \cdot 100 \,.$$

Werden nach Gleichung 38

$$V_m = \delta_m \cdot u_2 \cdot R_2^2$$

und nach Gleichung 35

$$H_{\mathrm{eff}} = \frac{u_2^2 \cdot \mu \cdot x}{g}$$

gesetzt, so wird

$$\frac{Nr}{N_{\mathrm{eff}}} = \frac{1{,}55 \cdot \gamma_m \cdot D_2^2 \cdot u_2^3 \cdot x \cdot 10^{-6} \cdot 75 \cdot \eta_{\mathrm{eff}} \cdot g}{\delta_m \cdot u_2 \cdot R_2^2 \cdot \gamma_m \cdot u_2^2 \cdot \mu \cdot x} \cdot 100$$

$$Nr = \frac{0{,}32}{\delta_m \cdot \mu} \ \text{in vH von } N_{\mathrm{eff}} \,.$$

Soll die Radreibungsarbeit in m-Gassäule ausgedrückt werden, so ist zu setzen

$$H_r = \frac{0{,}32}{\delta_m \cdot \mu} \ \text{in vH von } H_{\mathrm{theor}} \,. \tag{41}$$

10. Stopfbüchsenverlust.

Bei rückwärtsgekrümmten Schaufeln ist in dem Spalt zwischen Lauf- und Leitrad ein meßbarer Überdruck vorhanden, der im allgemeinen $^1/_2$ bis $^2/_3$ des Stufendrucks beträgt. Es ist daher das Gas bestrebt, in den Raum mit niedrigerem Druck zurückzuströmen. Laufrad und Welle sind gegen das Gehäuse abgedichtet, um das Rückströmen möglichst zu verhindern. Die Stopfbüchsen müssen mit möglichst kleinem Durchmesser und mit geringem Spiel ausgeführt werden, um einen kleinen Querschnitt zu schaffen. Sie werden als Labyrinthstopfbüchsen mit scharfen Kämmen aus Messing, Hartblei oder einer Aluminiumlegierung hergestellt. Bei einem Anstreifen

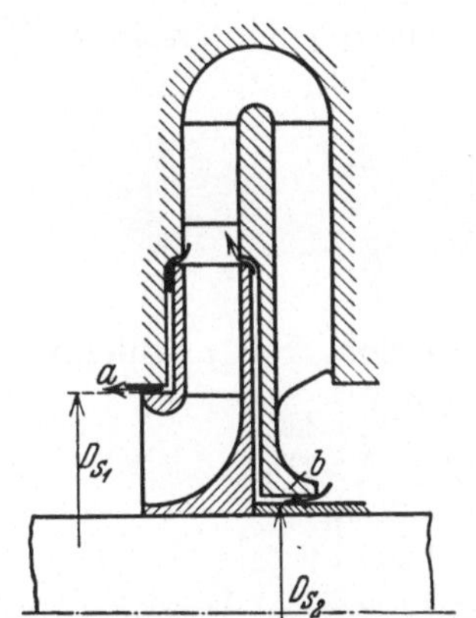

Abb. 29. Verdichterstufe. *a* Radstopfbüchse; *b* Wellenstopfbüchse.

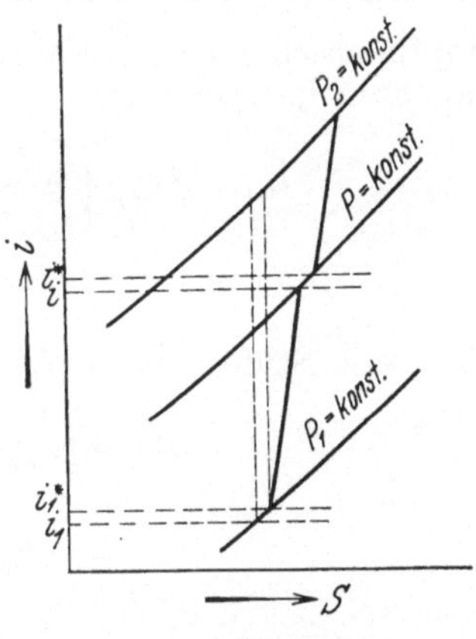

Abb. 30.

schleifen sich die Kämme leicht ab. Für eine Verdichterstufe sind zwei Stopfbüchsen erforderlich, die in Abb. 29 die Durchmesser Ds_1 und Ds_2 haben. Das durch die Radstopfbüchse *a* hindurchströmende Gas mischt sich mit dem vom Laufrad angesaugten Gas, was eine Erhöhung des Wärmeinhalts je 1 kg Gas von i_1 auf i_1^*, also eine Entropievermehrung zur Folge hat (Abb. 30). Ferner mischt sich das durch die Wellendichtung *b* rückströmende Gas mit dem bereits auf den Spaltdruck verdichteten Gas, und der Wärmeinhalt erhöht sich von i auf i^*. Die Stopfbüchsenverluste bedeuten somit einen Leistungsverlust.

Die Geschwindigkeit im Spalt zweier benachbarter Labyrinthkammern ist angenähert

$$c = \sqrt{2g\,\varDelta P \cdot v_m}\ \left[\frac{\mathrm{m}}{\mathrm{sec}}\right].$$

34 Theorie des Kreiselverdichters.

Bei z Labyrinthen und dem Druckunterschied $P_2 - P_1$, gegen den die Stopfbüchse abdichten soll, wird

$$c = \sqrt{2g\,\frac{P_2 - P_1}{z}} \cdot v_m \left[\frac{\mathrm{m}}{\mathrm{sec}}\right].$$

Durch einen Spaltquerschnitt von $f\,\mathrm{m}^2$ strömt somit nach dem Stetigkeitsgesetz eine Gasmenge

$$G_{st} = \frac{fc}{v_m} = f\sqrt{2g\,\frac{P_2 - P_1}{v_m} \cdot \frac{1}{z}} = f \cdot \gamma_m \sqrt{2g\,\frac{P_2 - P_1}{\gamma_m} \cdot \frac{1}{z}} \left[\frac{\mathrm{kg}}{\mathrm{sec}}\right].$$

Für $\dfrac{P_2 - P_1}{\gamma_m}$ kann gesetzt werden H_{eff}. Wird nun genügend genau vorausgesetzt, daß der Spaltdruck $= \dfrac{H_{\mathrm{eff}}}{2}$ ist, so daß jede der beiden Stopfbüchsen einer Stufe gegen einen Höhenunterschied $\dfrac{H_{\mathrm{eff}}}{2}$ abzudichten hat, so wird

$$G_{st} = f \cdot \gamma_m \sqrt{g\,\frac{H_{\mathrm{eff}}}{z}} \left[\frac{\mathrm{kg}}{\mathrm{sec}}\right]$$

$$= f \cdot \gamma_m \cdot u_2 = \sqrt{\frac{g \cdot H_{\mathrm{eff}}}{u_2^2 \cdot z}} \left[\frac{\mathrm{kg}}{\mathrm{sec}}\right]$$

oder bei x Stufen, wenn H_{eff} die Förderhöhe von x Stufen ist

$$G_{st} = f \cdot \gamma_m \cdot u_2 \sqrt{\frac{g \cdot H_{\mathrm{eff}}}{u_2^2 \cdot x \cdot z}} \left[\frac{\mathrm{kg}}{\mathrm{sec}}\right]$$

$$= f \cdot \gamma_m \cdot u_2 \sqrt{\frac{\mu}{z}} \left[\frac{\mathrm{kg}}{\mathrm{sec}}\right], \tag{42}$$

worin

$$f = \pi\,(D_{s_1} + D_{s_2}) \cdot s\,[\mathrm{m}^2]$$

ist.

Beträgt der Spaltdruck nicht ungefähr die Hälfte des Stufendruckes, dann ist der Stopfbüchsenverlust nach Stodola

$$G_{st} = f\sqrt{\frac{g\,(P_2^2 - P_1^2)}{z \cdot P_2 \cdot v_2}} \left[\frac{\mathrm{kg}}{\mathrm{sec}}\right]. \tag{43}$$

Diese Formel kann leicht abgeleitet werden, wenn berücksichtigt wird, daß die Zustände in den aufeinanderfolgenden Kammern der Stopfbüchse auf der Drossellinie $i = $ konstant liegen, für die angenähert $P v = $ konstant ist. Soll die Stopfbüchse gegen einen größeren Druckunterschied abdichten, z. B. die Außenstopfbüchsen oder der Ausgleichkolben, so kann im letzten Spalt die Schallgeschwindigkeit erreicht werden, die den Wert

$$c_k = \sqrt{1{,}4 \cdot g \cdot P_2 v_2} \left[\frac{\mathrm{m}}{\mathrm{sec}}\right]$$

hat. Wird nun die Geschwindigkeit c_2 im letzten Spalt $c_2 = \dfrac{G_{st} \cdot v_2}{f}$ ermittelt, wobei G_{st} nach obiger Gleichung und $v_2 = \dfrac{P_1 \cdot v_1}{P_2}$ einzusetzen sind, und festgestellt, daß $c_2 > c_k$ ist, so wird nach Stodola

$$G_{st} = f \sqrt{\frac{g}{z + 1,5} \frac{P_2}{v_2}} \left[\frac{\text{kg}}{\text{sec}} \right]. \tag{44}$$

Einfacher ist es nach dem kritischen Druck zu rechnen, der nach Stodola

$$P_k = P_2 \frac{0,85}{\sqrt{z + 1,5}}$$

ist. Für $P_1 < P_k$ ist Gleichung 44 und für $P_1 > P_k$ ist Gleichung 43 anzuwenden.

Der Stopfbüchsenverlust in m Gassäule umgerechnet beträgt

$$H_{st} = \frac{G_{st} \cdot H_{\text{theor}}}{G_{\text{sec}}} \; [\text{m-Gassäule}]. \tag{45}$$

Ebenso sind die Ausgleichverluste zu berechnen.

1. Beispiel: Es sei der Druck vor der Stopfbüchse eines Luftgebläses $P_2 = 1,06$ Atm, die Temperatur $t_2 = 30^0$ C, der Druck hinter der Stopfbüchse 0,97 Atm. Der mittlere Spaltdurchmesser sei $D_s = 0,5$ m, die Spaltweite $s = 0,0003$ m und die Labyrinthzahl $z = 1$.

$$f = \pi \cdot 0,5 \cdot 0,0003 = 4,71 \cdot 10^{-4} \; [\text{m}^2]$$

$$P_k = 1,06 \frac{0,85}{\sqrt{1 + 1,5}} = 0,87 \; [\text{Atm}].$$

also ist $P_1 > P_k$.

$$v_2 = \frac{29,26 \cdot 303}{10\,600} = 0,837 \left[\frac{\text{m}^3}{\text{kg}} \right].$$

Nach Gleichung 43 wird

$$G_{st} = 4,71 \cdot 10^{-4} \sqrt{\frac{9,81 \cdot 10\,000^2 \, (1,06^2 - 0,97^2)}{1 \cdot 10\,600 \cdot 0,837}}$$

$$= 0,0673 \left[\frac{\text{kg}}{\text{sec}} \right] = 242 \left[\frac{\text{kg}}{\text{h}} \right].$$

2. Beispiel: Der Entlastungskolben eines Turbokompressors hat einen Durchmesser $D = 0,4$ m. Die Zahl der Labyrinthe betrage $z = 16$ und die Spaltweite sei $s = 0,0003$ m. Der Druck vor dem Kolben betrage 8 Atm, die Lufttemperatur 65^0 C und der Druck hinter dem Kolben 1 Atm.

$$f = \pi \cdot 0,4 \cdot 0,0003 = 3,77 \cdot 10^{-4} \; [\text{m}^2]$$

$$P_k = 8 \cdot \frac{0,85}{\sqrt{16 + 1,5}} = 1,635 \; [\text{Atm}],$$

also ist $P_1 < P_k$.

$$v_2 = \frac{29{,}26 \cdot 338}{80\,000} = 0{,}1238 \left[\frac{\mathrm{m}^3}{\mathrm{kg}}\right].$$

Nach Gleichung 44 wird

$$G_{\mathrm{st}} = 3{,}77 \cdot 10^{-4} \sqrt{\frac{9{,}81 \cdot 80\,000}{17{,}5 \cdot 0{,}1238}}$$

$$= 0{,}2265 \left[\frac{\mathrm{kg}}{\mathrm{sec}}\right]$$

$$= 816 \left[\frac{\mathrm{kg}}{\mathrm{h}}\right].$$

11. Einfluß der Belastungsziffer auf die Abmessungen und den Wirkungsgrad des Verdichters.

Wie groß ist nun die Belastungsziffer δ zu wählen, um einen hohen Wirkungsgrad η_{pol} zu erzielen?

Mit Rücksicht auf die Reibungsverluste ist eine hohe Belastungsziffer vorteilhaft. Auch die Labyrinthverluste werden verhältnismäßig gering für große Werte von δ.

Zur Erzielung einer möglichst hohen Belastungsziffer für ein gegebenes Gasvolumen müssen die Umfangsgeschwindigkeit und der Raddurchmesser klein gewählt werden, da $\delta = \dfrac{V}{u_2 \cdot R_2^2}$ ist.

Eine Verkleinerung von u_2 hat jedoch eine Erhöhung der Stufenzahl zur Folge, so daß man möglichst nicht u_2, sondern R_2 vermindern wird. Der Verkleinerung des Raddurchmessers ist jedoch bald eine Grenze gesetzt. Für das Gasvolumen muß ein genügend großer Eintrittsquerschnitt in das Rad vorhanden sein, damit der Eintrittsverlust nicht zu groß wird. Bei zu starker Verkleinerung des Raddurchmessers würde jedoch nicht mehr genügend Raum für die Beschaufelung vorhanden sein. Ferner muß berücksichtigt werden, daß mit Verkleinerung des Raddurchmessers die Radbreite zunimmt. Wird die Radbreite jedoch zu groß im Verhältnis zum Raddurchmesser, so bleibt eine gute Gasführung nicht mehr gewährleistet, d. h. der Wirkungsgrad wird schlechter. Schließlich führen große Radbreiten zu großen Lagerabständen, was nicht erwünscht ist. Das Bestreben, durch kleine Wellendurchmesser den erforderlichen Eintrittsquerschnitt und kleine Stopfbüchsendurchmesser zu schaffen, führt zur Aufteilung der erforderlichen Stufenzahl auf zwei Kompressorgehäuse, da Eingehäusekompressoren einen verhältnismäßig großen Wellendurchmesser erfordern, selbst wenn die Betriebsdrehzahl oberhalb der ersten kritischen Drehzahl liegt. Es ist daher leicht erklärlich, daß δ im allgemeinen einen Höchstwert, der ca. 0,25 beträgt, nicht überschreiten wird und in vielen Fällen δ kleiner gewählt werden muß.

Da mit der Verdichtung das Gasvolumen abnimmt, so ist es möglich, gegen das Verdichterende die Raddurchmesser abnehmen zu lassen, wodurch besonders die Scheibenreibung verkleinert werden kann. Mit Rücksicht auf die Herstellung wird jedoch nicht jedes Rad abgestuft, sondern eine Radgruppe von mehreren Rädern wird mit gleichem Durchmesser ausgeführt und nur die Durchmesser der Rad-

Abb. 31. *BBC*-Zweigehäuseturbokompressor mit Motorantrieb für 17500 m³/h Ansaugeleistung.

gruppen werden abgestuft. Soll nun die für die erste Radgruppe gewählte hohe Belastungsziffer auch für die anderen Gruppen beibehalten werden, so müßte z. B. für ein Druckverhältnis 1 : 8 die Abstufung bis ungefähr auf die Hälfte des Anfangsdurchmessers erfolgen, was natürlich eine große Stufenzahl zur Folge hätte. Die Räder können dann nicht mehr in einem Gehäuse untergebracht werden. Mit Zweigehäusemaschinen können jedoch besonders bei kleinen Leistungen höhere Wirkungsgrade erreicht werden als mit Eingehäusemaschinen. Allerdings muß der bessere Wirkungsgrad durch einen höheren Anschaffungspreis erkauft werden, und genau wie im Dampfturbinenbau wird durch eine wirtschaftliche Überlegung der Ein- oder Mehrgehäusemaschine der Vorzug zu geben sein.

Abb. 31 zeigt einen Zweigehäuseturbokompressor, Bauart Brown Boveri. Der Kompressor saugt normal 17500 m³/h Luft bei 0,99 Atm an und verdichtet dieses Volumen in 14 Stufen bei einer Drehzahl von 5330 U/min auf 7 Atm. Die Leistungsaufnahme an der Kompressorkupplung beträgt 1460 kW, die Luftendtemperatur ist 85⁰ C. Der Drehstrommotor hat eine normale Betriebsdrehzahl von 990 U/min.

IV. Ausbildung des Lauf- und Leitrades, Berechnung der Schaufelquerschnitte.

Das Gas soll mit möglichst geringen Verlusten die Laufschaufelkanäle durchströmen Ist der Kanal zu lang, so wird der Reibungsverlust vergrößert. Bei zu kurzen Schaufeln können sich infolge Ablösung des Gasstromes von der Wandung Wirbel bilden. Die Schaufelform zwischen Ein- und Austritt muß stetig verlaufen. Es werden gebogene und gerade Schaufeln ausgeführt (Abb. 38 und 37). Zur Erreichung guter Einströmverhältnisse und einer günstigen Schaufelform werden ljedoch meistens die Schaufeln am Eintritt etwas gebogen werden müssen (Abb. 32 und 37). Doppelte Krümmung der Laufschaufeln mit einem Austrittswinkel $\beta_2 = 90^0$ führt zu Turbulenzerscheinungen. Kleine Winkel β_2 ermöglichen eine leichtere Ausbildung einer guten

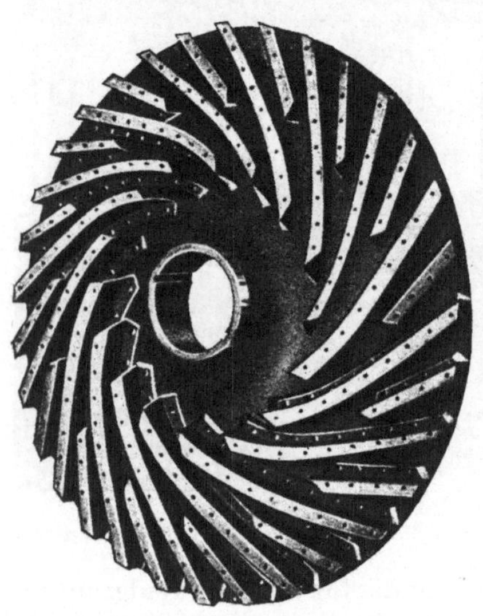

Abb. 32.   Laufrad ohne Deckscheibe.
(Bauart *FMA*.)

Kanalform. Ferner wird das labile Arbeitsgebiet des Verdichters verkleinert (vgl. Kap. IX). Bei sehr kleinen Winkeln β_2 kann sogar das Arbeitsgebiet des Verdichters vollständig stabil werden bis auf einen Knick, der in der Kennlinie auftritt. Je kleiner jedoch β_2 gemacht wird, um so größer muß die Umfangsgeschwindigkeit des Rades oder die Stufenzahl zur Erzielung eines bestimmten Enddrucks sein. Mit Rücksicht auf die Ablösungserscheinungen muß die Laufschaufelzahl z_1 erheblich größer gewählt werden als bei Kreiselpumpen. Vielfach wird jedoch die Hälfte der Laufschaufeln verkürzt ausgeführt, um einen größeren Eintrittsquerschnitt zu bekommen (Abb. 32). Bei der Querschnittsberechnung wird die Verengung durch die Schaufelstärke s durch den Verengungsfaktor berücksichtigt, der am Eintritt

$$\tau_1 = \frac{\pi D_1}{\pi D_1 - z_1 \dfrac{s}{\sin \beta_1}} \tag{46}$$

und am Austritt

$$\tau_2 = \frac{\pi D_2}{\pi D_2 - z_1 \dfrac{s}{\sin \beta_2}} \tag{47}$$

ist.

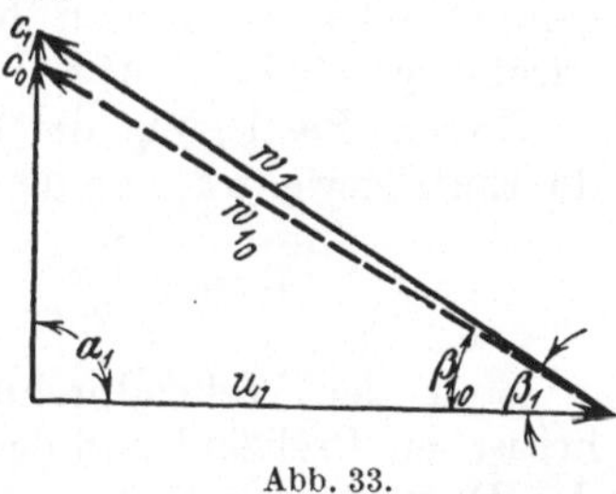

Abb. 33.

Infolge der Verengung erhöht sich die radiale Einströmgeschwindigkeit von c_{1_0} auf c_1. Es ist

$$c_1 = \tau_1 \cdot c_{1_0} \cdot \left[\frac{\text{m}}{\text{sec}} \right],$$

τ_2 kann meistens genügend genau ~ 1 gesetzt werden. In Abb. 33 und 34 sind das Ein- und Austrittsdreieck dargestellt. Das wirkliche Eintrittsdreieck, das entsteht infolge der Schaufelverengung,

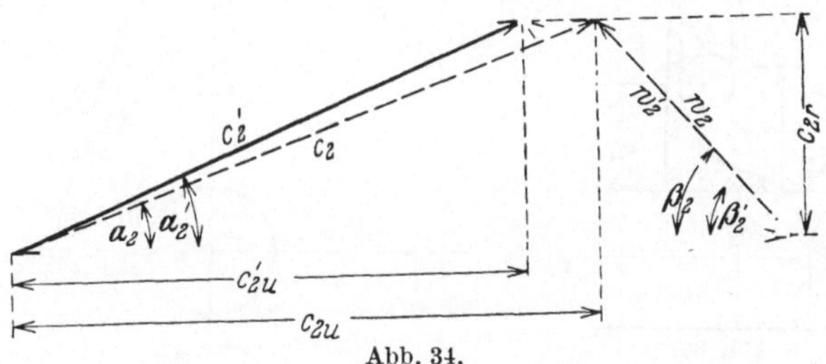

Abb. 34.

ist ausgezogen, ebenso das wirkliche Austrittsdreieck, das von dem theoretischen Dreieck abweicht durch die Strahlablenkung. β_1 und β_2 sind die tatsächlichen Ein- und Austrittswinkel der Laufschaufeln.

Sind der Eintrittsdurchmesser D_1 und der Austrittsdurchmesser D_2 bekannt, so können nach dem Stetigkeitsgesetz die Eintrittsbreite

$$b_1 = \frac{V_{\text{sec}}}{\pi \cdot D_1 \cdot c_{1_0}} \ [\text{m}] \tag{48}$$

und die Austrittsbreite

$$b_2 = \frac{V_{\text{sec}}}{\pi \cdot D_2 \cdot c_{2_r}} \ [\text{m}] \tag{49}$$

berechnet werden (Abb. 35). Es soll jedoch $b_2 > \dfrac{b_1}{3}$ gemacht werden, damit das Rad nicht zu sehr nach außen konvergiert. Wegen der einfacheren Herstellung werden auch parallelwandige Räder ($b_2 = b_1$) ausgeführt (Abb. 38). Sind bei sehr großen Fördervolumen die Radbreiten zu groß, so wird das Rad mit doppelseitiger Ansaugung ausgeführt oder es werden bei mehrstufigen Verdichtern die Räder parallel geschaltet. (Abb. 81.)

Zwecks Festlegung der Ein- und Austrittsquerschnitte sind noch die Eintrittsweite a_1 und die Austrittsweite a_2 zu bestimmen (Abb. 36).

$$a_1 = \frac{V_{\sec}}{z_1 \cdot b_1 \cdot w_1}\,[\mathrm{m}];\quad a_2 = \frac{V_{\sec}}{z_1 \cdot b_2 \cdot w_2}\,[\mathrm{m}]. \tag{50}$$

Sind der Wellendurchmesser d_w unter Berücksichtigung der kritischen Drehzahl und der Nabendurchmesser d_n gewählt, so kann der Durchmesser D_0 berechnet werden aus

$$V_{\sec} = \frac{\pi}{4}\,(D_0^2 - d_n^2) \cdot c_0 \left[\frac{\mathrm{m}^3}{\sec}\right]. \tag{51}$$

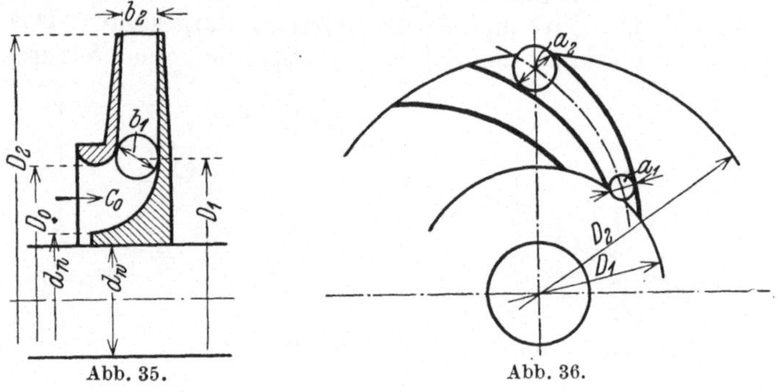

Abb. 35.   Abb. 36.

Da die Laufräder mit hoher Umfangsgeschwindigkeit rotieren, müssen die Werkstoffe hohen Beanspruchungen genügen. Als Konstruktionsmaterialien kommen SM-Stahl oder legierte Stähle (Nickel- und Chromnickelstahl) zur Verwendung. Bei Gasen mit chemischer Angriffsfähigkeit werden die Laufräder auch aus rostfreiem Stahl hergestellt.

Das in Abb. 37 dargestellte Laufrad der Demag für hohe Beanspruchung besteht aus der Nabenscheibe, die mit der Nabe aus einem Stück geschmiedet ist und der Deckscheibe mit einem sehr kräftig gehaltenen Einlaufring. In die Rillen des Einlaufringes greifen die Zacken der Radstopfbüchse ein. Die Stahlblechschaufeln in U-förmigem Querschnitt sind durch eine große Anzahl Nieten mit den

Scheiben verbunden. Bei den Schaufeln des Rades, Ausführung Brown, Boveri & Cie (Abb. 38) sind die Nietzapfen aus dem vollen Schaufelmaterial herausgefräst, bilden somit einen Teil der Schaufel. Durch diese Konstruktion wird erreicht, daß weder die Gaskanäle im Rade noch die Außenflächen der Radscheiben Nietköpfe, die Wirbelbildung zur Folge haben, aufweisen.

Abb. 39 zeigt ein halbfertiges Laufrad und Abb. 40 ein fertiges Laufrad der Brown, Boveri A.-G.

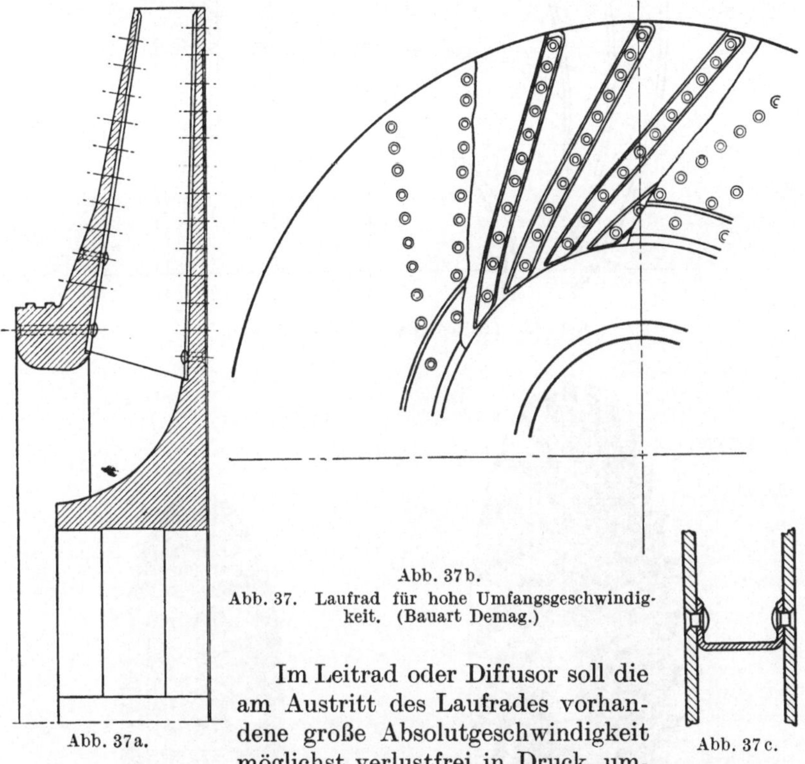

Abb. 37b.

Abb. 37. Laufrad für hohe Umfangsgeschwindigkeit. (Bauart Demag.)

Abb. 37a.

Abb. 37c.

Im Leitrad oder Diffusor soll die am Austritt des Laufrades vorhandene große Absolutgeschwindigkeit möglichst verlustfrei in Druck umgesetzt werden. Im allgemeinen wird der Diffusor beschaufelt, da eine bessere Umsetzung gewährleistet bleibt. Ferner wird bei Innenkühlung die Kühlfläche durch die Schaufeln vergrößert. Unbeschaufelte Diffusoren können besonders bei schmutzigen, teerhaltigen Gasen Vorteile bieten. Zwischen Lauf- und Leitrad ist ein genügend großer Spalt vorzusehen (50 bis 100 mm), damit das Gas sich in diesem schaufellosen Raum etwas beruhigen kann. Verdichter mit zu kleinem Spalt verursachen ein unangenehmes pfeifendes Ge-

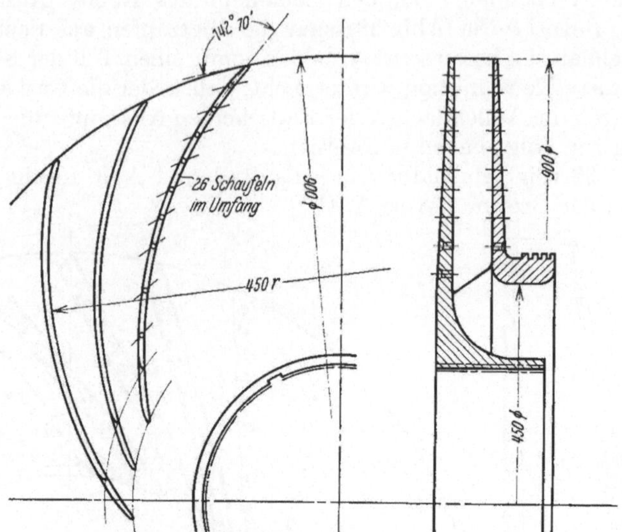

Abb. 38.   Laufrad (Bauart Brown, Boveri).

Abb. 39.   Rad-Nabenscheibe mit eingesetzten   Abb. 40.   Fertiges Laufrad (*BBC*).
Schaufeln (*BBC*).

räusch. Da das Gas den Spalt frei durchströmt ohne Schaufeleinwirkung, bleibt der Drall $r \cdot c_u = $ const und die radiale Geschwindigkeit c_r nimmt nach dem Stetigkeitsgesetz proportional $\dfrac{1}{r}$ ab bei gleichbleibender Spaltbreite, und der Druck nimmt zu. Die Stromlinien sind daher mit $\dfrac{c_r}{c_u} = $ const logarithmische Spiralen, die alle

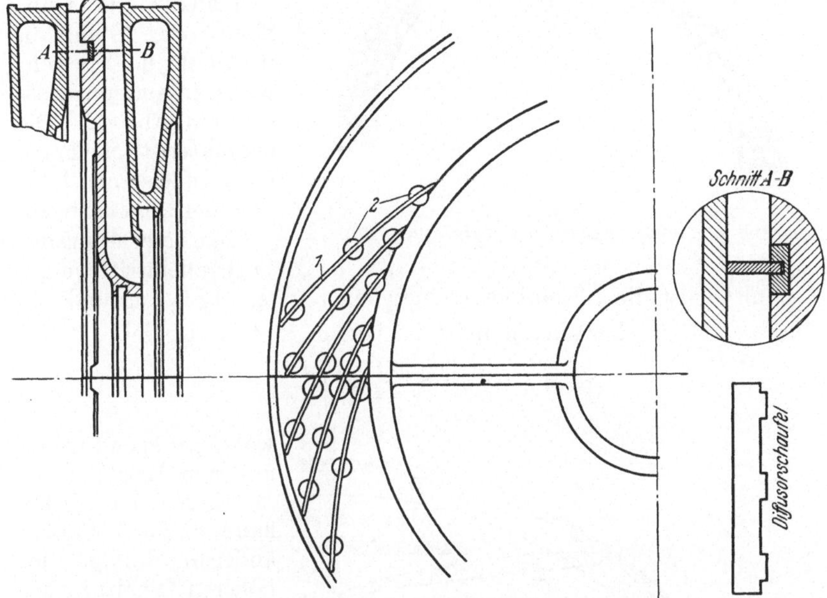

Abb. 41. Leitrad mit eingesetzten Schaufeln (Bauart AEG).

Parallelkreise unter gleichen Winkeln schneiden, und der Eintrittswinkel der Leitschaufel ist

$$\operatorname{tg}\alpha_3 = \operatorname{tg}\alpha_2' = \frac{c_{2r}}{c_{2u}'} = \frac{c_{2r}}{c_{3u}}. \tag{52}$$

Die Anfangskurve der Leitschaufel kann wegen der besseren Einströmung als Evolvente ausgebildet werden. Bei der großen Schaufelzahl genügt jedoch auch eine gerade Ausführung der Schaufeln, ohne daß die Gasführung am Eintritt zu ungünstig würde. Der Kanal soll weiter so ausgebildet werden, daß durch allmähliche Querschnittserweiterung die Geschwindigkeit in Druck umgesetzt wird. Der Erweiterungswinkel darf jedoch nicht größer als 10 bis 12° sein, da sonst der Leitradkanal infolge Strahlablösung unwirksam wird.

Einen guten Diffusorkanal erzielt die AEG durch Krümmung der Leitradschaufeln und ganz allmähliche Erweiterung des Kanals. Die Abb. 41 zeigt, daß die Stahlschaufeln mittels besonderer angefräster Zapfen in die Seitenwand eingesetzt werden. Einfachere Herstellung ermöglichen Schaufeln aus Gußeisen oder Stahlguß, die mit der Seitenwand zusammengegossen sind (Abb. 42). Die charakteristische Form einer gußeisernen Leitschaufel zeigt Abb. 43.

Abb. 42.   Diffusor mit festen Leitschaufeln (*BBC*).

Zur Berechnung des Leitradeintrittsquerschnittes ist die Absolutgeschwindigkeit $c_3 = c_{3_r} \cdot \mathrm{tg}\,\alpha_3$ zugrunde zu legen.   Mit z_2 Leitschaufeln ist nach dem Stetigkeitsgesetz

$$V_{\mathrm{sec}} = a_3 \cdot b_3 \cdot z_2 \cdot c_3 \left[\frac{\mathrm{m}^3}{\mathrm{sec}}\right], \qquad (53)$$

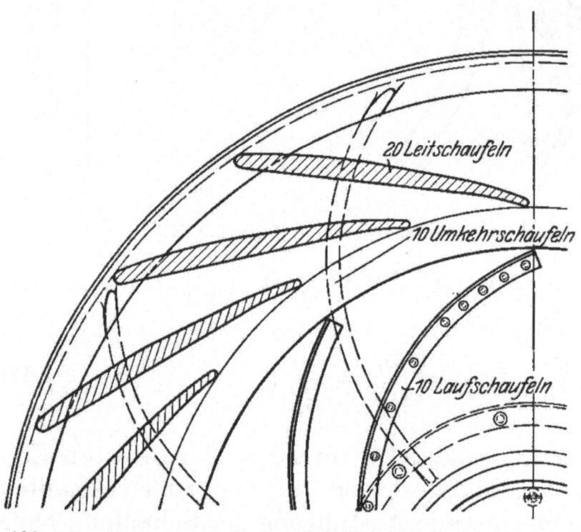

Abb. 43.   Gegossene Leitschaufeln (Bauart Jaeger & Co., Leipzig).

wobei genügend genau mit dem Ansaugevolumen gerechnet werden kann, da die Volumenänderung infolge des höheren Spaltdruckes und der höheren Gastemperatur nur gering ist.

Die Leitradbreite am Eintritt wird 2 mm größer gemacht als die Laufradaustrittsbreite. Für die Querschnitte sind wegen der Reibungsverluste möglichst quadratische Form anzustreben. Im Endquerschnitt des Leitrades soll angenähert die Geschwindigkeit erreicht werden, die das Gas bei Eintritt in die nächste Stufe hat, so daß für die Druckumsetzung nur in geringem Maße die Umkehrkanäle in Frage kommen. Für den Überströmkanal von den Leitschaufeln zu den Umkehrschaufeln sind dieselben strömungstechnischen Gesichtspunkte zu beachten wie für den Spalt, so daß der Eintrittswinkel der Umkehrschaufel ungefähr gleich dem Austrittswinkel der Leitschaufel zu machen ist. In Abb. 44 sind Lauf-, Leit- und Umkehrschaufeln zu erkennen. Sollen einfache radiale Umkehrschaufeln Verwendung finden, so müssen auch die Leitschaufeln gegen das Ende so weit aufgerichtet werden, daß ihr Austrittswinkel ungefähr 90^0 ist. Solche Schaufelkanäle führen aber leicht zu Wirbelbildungen.

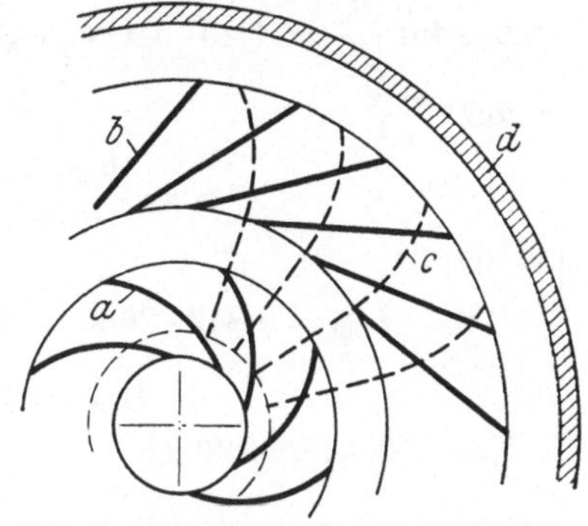

Abb. 44.   Querschnitt einer Verdichterstufe.
a Laufschaufeln; b Leitschaufeln; c Umkehrschaufeln; d Gehäuse.

V. Berechnung eines Spülluftgebläses.

Beispiel: Es ist ein zweistufiges Spülluftgebläse zu berechnen, das 480 m³/min Luft bei 1 Atm und 15° C ansaugt und auf 2800 mm WS verdichtet. Das Gebläse wird durch einen Drehstrommotor mit $n = 2960$ U/min angetrieben. Der Wellendurchmesser dw kann gleich 150 mm, der Nabendurchmesser dn gleich 180 mm angenommen werden.

Weiter werden noch folgende Annahmen gemacht:

$\eta_{pol} = 0,76$ und $\mu = 0,52$ (nach Versuchen ausgeführter Gebläse für $\delta_m = 0,234$).

Laufschaufelwinkel am Austritt $\beta_2 = 40^0$.

Laufschaufelzahl $z_1 = 28$.

$$c_0 = 45 \frac{m}{sec} = c_{1_0}$$

$$c_{r_2} = 40 \frac{m}{sec}.$$

Es ist

$$F_0 = \frac{\pi}{4}(D_0^2 - d_n^2) = \frac{V_{sec}}{c_0} = \frac{480}{60 \cdot 45} = 0,178 \ m^2$$

$$D_0 = \sqrt{\frac{F_0 \cdot 4}{\pi} + d_n^2} = \sqrt{\frac{0,178 \cdot 4}{\pi} + 0,18^2} = 0,508 \ m$$

$$D_0 = 510 \ mm$$

ausgeführt.

Der Eintrittsdurchmesser der Laufschaufeln $D_1 = 530\,\text{mm}$ angenommen.

L_{pol} für $\dfrac{P_2}{P_1} = 1{,}28$ bei $\eta_{\text{pol}} = 0{,}76$ nach Kurventafel Abb. 18 $= 2650\,\dfrac{\text{mkg}}{\text{m}^3}$.

$$v_1 = \frac{29{,}26 \cdot 288}{10\,000} = 0{,}843\,\frac{\text{m}^3}{\text{kg}}$$

und damit

$$L_{\text{pol}} = 0{,}843 \cdot 2650 = 2235\,\frac{\text{mkg}}{\text{kg}} \quad \text{oder m-Gassäule}$$

$$H_{\text{eff}} = 2235\,\text{m}.$$

Nach Gleichung 36 ist

$$u_2 = \sqrt{\frac{H_{\text{eff}} \cdot g}{\mu \cdot x}} = \sqrt{\frac{2235 \cdot 9{,}81}{0{,}52 \cdot 2}} = 145\,\frac{\text{m}}{\text{sec}}$$

$$D_2 = \frac{u_2 \cdot 60}{\pi \cdot n} = \frac{145 \cdot 60}{\pi \cdot 2960} = 0{,}937\,\text{m}$$

$$D_2 = 935\,\text{mm} \quad \text{ausgeführt.}$$

Mit $u_2 = 145\,\dfrac{\text{m}}{\text{sec}}$, $c_{r_2} = 40\,\dfrac{\text{m}}{\text{sec}}$ und $\beta_2 = 40^0$ kann das Austrittsdreieck entworfen werden. Es ist

$$c_{2u} = 111{,}4\,\frac{\text{m}}{\text{sec}}\,; \quad w_2 = 52{,}2\,\frac{\text{m}}{\text{sec}}\,; \quad \alpha_2 = 19^0\,45'$$

$$c_2 = 118{,}2\,\frac{\text{m}}{\text{sec}}.$$

Da die Winkel bekannt sind, kann φ berechnet werden

$$\varphi = \frac{\operatorname{tg}\beta_2}{\operatorname{tg}\alpha_2 + \operatorname{tg}\beta_2} = \frac{\operatorname{tg}50^0}{\operatorname{tg}19^0\,45' + \operatorname{tg}50^0} = 0{,}77.$$

Bei unendlicher Schaufelzahl würde die Förderhöhe

$$H_{\text{theor}\,\infty} = \frac{1}{g}\,u_2 \cdot c_{2u} \cdot x = \frac{145 \cdot 111{,}4 \cdot 2}{9{,}81} = 3290\,\text{m}$$

sein.

Bei endlicher Schaufelzahl wird aber die Förderhöhe H_{theor} kleiner. Nach Gleichung 29 ist

$$\varepsilon = \frac{H_{\text{theor}}}{H_{\text{theor}\,\infty}} = \frac{1}{1 + 2\,\dfrac{2}{z_1}\,\dfrac{\sin\beta_2}{1 - \left(\dfrac{D_1}{D_2}\right)^2}} = \frac{1}{1 + 2\,\dfrac{2}{28}\,\dfrac{\sin 40^0}{1 - \left(\dfrac{530}{935}\right)^2}} = 0{,}862$$

und damit

$$H_{\text{theor}} = \varepsilon \cdot H_{\text{theor}\,\infty} = 0{,}862 \cdot 3290 = 2840\,\text{m}.$$

Da die wirkliche Förderhöhe $H_{\text{eff}} = 2235$ m beträgt, so ist der Wirkungsgrad nach Gleichung 31

$$\eta_u = \frac{H_{\text{eff}}}{H_{\text{theor}}} = \frac{2235}{2840} = 0{,}787 \,.$$

Das Produkt der gefundenen Werte $\varphi \cdot \varepsilon \cdot \eta_u$ muß gleich der angenommenen Druckhöhenziffer μ sein, also

$$\varphi \cdot \varepsilon \cdot \eta_u = 0{,}77 \cdot 0{,}862 \cdot 0{,}787 = 0{,}52$$

wie angenommen.

$$u_1 = \frac{\pi \cdot D_1 \cdot n}{60} = \frac{0{,}53 \cdot \pi \cdot 2960}{60} = 82{,}2 \, \frac{\text{m}}{\text{sec}} \,.$$

Mit $u_1 = 82{,}2 \, \dfrac{\text{m}}{\text{sec}}$ und $c_{1_0} = 45 \, \dfrac{\text{m}}{\text{sec}}$ wird das Eintrittsdreieck entworfen, das $\beta_{1_0} = 28^0 45'$ und $w_{1_0} = 93{,}5 \, \dfrac{\text{m}}{\text{sec}}$ ergibt.

Nach Gleichung 24 ist

$$\eta_{\text{pol}} = \frac{m\,(k-1)}{k\,(m-1)} \,,$$

woraus m berechnet werden kann. $m = 1{,}61$ für $\eta_{\text{pol}} = 0{,}76$.

Die Endtemperatur nach der Verdichtung ist

$$T_2 = T_1 \left(\frac{P_2}{P_1}\right)^{\frac{m-1}{m}} = 288 \cdot 1{,}28^{\frac{0{,}61}{1{,}61}}$$

$$= 317^0 \text{ abs} \,; \quad t_2 = 44^0\,\text{C} \,.$$

Die Verdichtungspolytrope wird in das Entropiediagramm (Abb. 45 und 3) eingetragen. Da zwei gleiche Stufen vorhanden sind, wird die Polytrope in zwei gleiche Teile geteilt, und man erhält als Druck nach der ersten Stufe $P = 1{,}134\,\text{Atm}$ und die Temperatur $T = 303^0$ abs (Abb. 45).

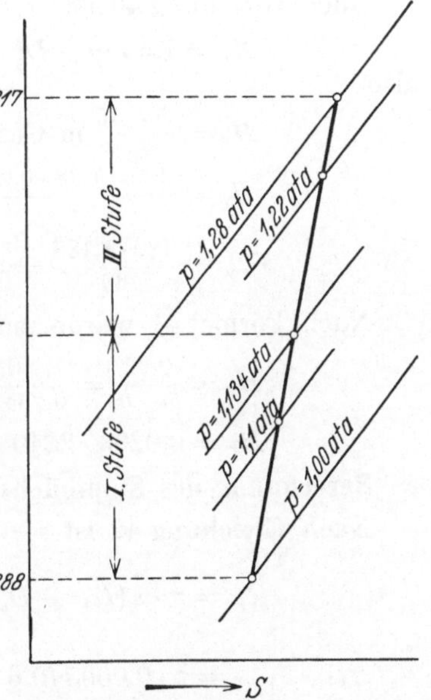

Abb. 45. Entropiediagramm für ein Spülluftgebläse.

Für eine Stufe ist $H_{\text{theor}\infty} = \dfrac{3290}{2} = 1645$ m.

Derselbe Wert muß sich auch nach Gleichung 28 ergeben.

$$H_{\text{theor}\infty} = \frac{145^2 - 82{,}2^2}{2 \cdot 9{,}81} + \frac{93{,}5^2 - 52{,}2^2}{2 \cdot 9{,}81} + \frac{118{,}2^2 - 45^2}{2 \cdot 9{,}81} = 1645 \text{ m} \,.$$

Der statische Überdruck hinter dem Laufrad (Spaltdruck) ist

$$H_{\text{spalt}} = \frac{145^2 - 82,2^2}{2 \cdot 9,81} + \frac{93,5^2 - 52,2^2}{2 \cdot 9,81} = 1034 \text{ m}.$$

$$\frac{H_{\text{spalt}}}{H_{\text{theor}_\infty}} = \frac{1034}{1645} = 0,63.$$

Somit beträgt der Spaltdruck $63 \text{vH} = \sim {}^2/_3$ von dem Stufendruck.

Nach dem Entropiediagramm ist der Spaltdruck nach dem ersten Rade $P = 1,1 \text{ Atm}$ und nach dem zweiten Rade $P = 1,22 \text{ Atm}$

Da die theoretische Förderhöhe bei endlicher Schaufelzahl $H_{\text{theor}} = 2840 \text{ m}$ bekannt ist, kann

$$c'_{2u} = \frac{H_{\text{theor}} \cdot g}{u_2 \cdot x} = \frac{2840 \cdot 9,81}{145 \cdot 2} = 96 \ \frac{\text{m}}{\text{sec}}$$

berechnet und das wirkliche Austrittsdreieck gezeichnet werden (Abb. 34).

Es wird $\alpha'_2 = 22^0 40'$ und $c'_2 = 104 \ \frac{\text{m}}{\text{sec}}$.

Berechnung der Scheibenreibung.

Nach Gleichung 40 ist

$$N_r = 1,55 \cdot \gamma_m \cdot D_2^2 \cdot u_2^3 \cdot x \cdot 10^{-6} \text{ PS},$$

also

$$H_r = \frac{N_r \cdot 75}{G_{\text{sec}}} \ \text{m-Gassäule}$$

$$H_r = \frac{1,55 \cdot 1,28 \cdot 0,935^2 \cdot 145^3 \cdot 2 \cdot 10^{-6} \cdot 75}{9,48} = 84 \text{ m}$$

$$G_{\text{sec}} = \frac{480 \cdot 1,185}{60} = 9,48 \ \frac{\text{kg}}{\text{sec}} .$$

Nach Formel 41 würde man erhalten

$$H_r = \frac{0,32}{\delta_m \cdot \mu} = \frac{0,32}{0,234 \cdot 0,52} = 2,63 \text{ vH von } H_{\text{theor}}$$

$$H_r = 0,0263 \cdot 2840 = 75 \text{ m-Gassäule}.$$

Berechnung des Stopfbüchsenverlustes.

Nach Gleichung 42 ist

$$G_{\text{st}} = \pi \cdot s \, (D_{s_1} + D_{s_2}) \cdot \gamma_m \cdot u_2 \sqrt{\frac{\mu}{z}}$$

$$= \pi \cdot 0,0005 \, (0,6 + 0,15) \, 1,28 \cdot 145 \sqrt{\frac{0,52}{3}} = 0,091 \ \frac{\text{kg}}{\text{sec}} ,$$

wenn drei Labyrinthe angenommen werden.

Nach Gleichung 45 ist

$$H_{\text{st}} = \frac{G_{\text{st}} \cdot H_{\text{theor}}}{G_{\text{sec}}} = \frac{0,091 \cdot 2840}{9,48} = \mathbf{27,2 \text{ m}.}$$

Es wird somit nach Gleichung 39

$$\eta_{pol} = \frac{H_{eff}}{H_{theor} + H_r + H_{st}} = \frac{2235}{2840 + 75 + 27} = 0,76$$

wie auch angenommen war, und

$$\eta_{eff} = \frac{H_{eff}}{H_{theor} + H_r + H_{st} + H_m} = \frac{2235}{2840 + 75 + 27 + 40} = 0,75.$$

Für die mechanischen Verluste wurden 40 m angenommen. $H_a = 0$, da kein Ausgleichkolben vorhanden ist.

Die Antriebsleistung an der Kupplung des Gebläses ist somit

$$N_{eff} = \frac{G_{sec} \cdot H_{eff}}{102\, \eta_{eff}} = \frac{9,48 \cdot 2235}{102 \cdot 0,75} = 277 \text{ kW.}$$

Berechnung der Querschnitte.

Verengungsfaktor $\tau_1 = 1,1$ geschätzt, damit $c_1 = 1,1 \cdot 45$

$$= 49,5 \, \frac{m}{sec} \text{ und } \operatorname{tg} \beta_1 = \frac{49,5}{82,2} = 0,603.$$

Der Eintrittswinkel der Laufschaufel $\beta_1 = 31^0$.

$$t_1 = \frac{\pi D_1}{z_1} = \frac{\pi \cdot 530}{28} = 59,5 \text{ mm}$$

$$\tau_1 = \frac{59,5}{59,5 - \dfrac{3}{0,515}} = 1,11,$$

also richtig geschätzt.

Die Schaufelstärke wird $s = 3$ mm angenommen.

$$b_1 = \frac{V_{sec}}{\pi \cdot D_1 \cdot c_{1\,o}} = \frac{480}{60 \cdot \pi \cdot 0,53 \cdot 45} = 107 \text{ mm}$$

$$w_1 = \frac{c_1}{\sin \beta_1} = \frac{49,5}{0,515} = 96,2 \, \frac{m}{sec}$$

$$a_1 = \frac{V_{sec}}{b_1 \cdot z_1 \cdot w_1} = \frac{480}{60 \cdot 0,107 \cdot 28 \cdot 96,2} = 27,8 \text{ mm}$$

$$t_2 = \frac{\pi \cdot D_2}{z_1} = \frac{\pi \cdot 935}{28} = 105 \text{ mm}$$

$$\tau_2 = \frac{105}{105 - \dfrac{3}{0,766}} = 1,04, \ \tau_2 \text{ wird genügend genau} = 1 \text{ gesetzt.}$$

$$b_2 = \frac{V_{sec}}{\pi \cdot D_2 \cdot c_{2\,r}} = \frac{452}{60 \cdot \pi \cdot 0,935 \cdot 40} = 64 \text{ mm}$$

$$a_2 = \frac{V_{sec}}{b_2 \cdot z_1 \cdot w_2} = \frac{452}{60 \cdot 0,064 \cdot 28 \cdot 52,2} = 81 \text{ mm.}$$

Das Gasvolumen bei Austritt aus dem ersten Laufrad ist $452\ \mathrm{m^3/min}$.

Die Spaltweite wird 50 mm angenommen, damit ist $D_3 = 1035\ \mathrm{mm}$.

Da die Spaltbreite unverändert bleibt, ist der Drall $r c_u = \mathrm{const}$ und α_3 muß gleich α_2' gemacht werden.

$$\alpha_3 = 22^0\ 40'.$$

$$c_{3r} = c_{2r}\frac{D_2}{D_3} = 40\,\frac{935}{1035} = 36{,}2\ \frac{\mathrm{m}}{\mathrm{sec}}$$

$$c_3 = \frac{c_{3r}}{\sin\alpha_3} = \frac{36{,}2}{0{,}385} = 94\ \frac{\mathrm{m}}{\mathrm{sec}}$$

$$b_3 = b_2 + 2 = 64 + 2 = 66\ \mathrm{mm}$$

$$a_3 = \frac{V_{\mathrm{sec}}}{b_3 \cdot z_2 \cdot c_3} = \frac{452}{60 \cdot 0{,}066 \cdot 30 \cdot 94} = 40{,}5\ \mathrm{mm},$$

wenn die Leitschaufelzahl $z_2 = 30$ angenommen wird.

Die Querschnitte der zweiten Stufe werden unter Berücksichtigung der Volumenverkleinerung genau so berechnet. Es ist:

$$b_1 = 99\ \mathrm{mm};\quad b_2 = 60{,}5\ \mathrm{mm};\quad b_3 = 62\ \mathrm{mm}.$$

VI. Beziehungen zwischen Fördervolumen, Förderhöhe und Drehzahl. Die Kennlinie des Kreiselverdichters.

Die Abmessungen des Verdichters werden für bestimmte Werte von V, H und n ermittelt. Im Betrieb soll der Verdichter bei diesen Werten mit dem besten Wirkungsgrad arbeiten. Wird nun einer dieser Werte im Betrieb geändert, so wird dadurch auch eine Änderung des anderen Wertes oder beider anderen Werte hervorgerufen, denn Gasvolumen, Förderhöhe und Drehzahl stehen in einem Zusammenhang, der Charakteristik des Verdichters genannt und bildlich durch die Druckvolumenkurve oder Kennlinie dargestellt wird.

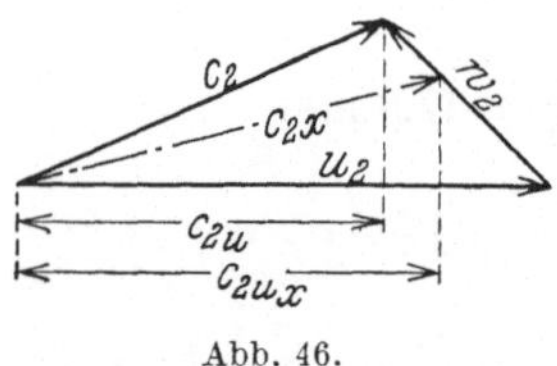

Abb. 46.

Wird bei gleichbleibender Drehzahl das Fördervolumen des Verdichters durch Drosseln in der Druckleitung verringert, so ändert sich proportional mit dem Volumen die Relativgeschwindigkeit w_2, während die Richtung von w_2, bestimmt durch den Schaufelaustrittswinkel β_2, unverändert bleibt. Für eine Fördermenge V_x wird die Relativgeschwindigkeit $w_{2\dot{x}}$ und die Umfangskomponente von c_{2_x} wird $c_{2_{ux}}$ (Abb. 46). Da nun

$$c_{2_{ux}} = u_2 - \frac{c_{2rx}}{\operatorname{tg}\beta_2}$$

ist und ferner

$$c_{2_{rx}} = \frac{V_x}{\pi \cdot D_2 \cdot b_2}$$

gesetzt werden kann, folgt

$$c_{2_{ux}} = u_2 - \frac{V_x}{\pi \cdot D_2 \cdot b_2 \cdot \operatorname{tg}\beta_2} \cdot$$

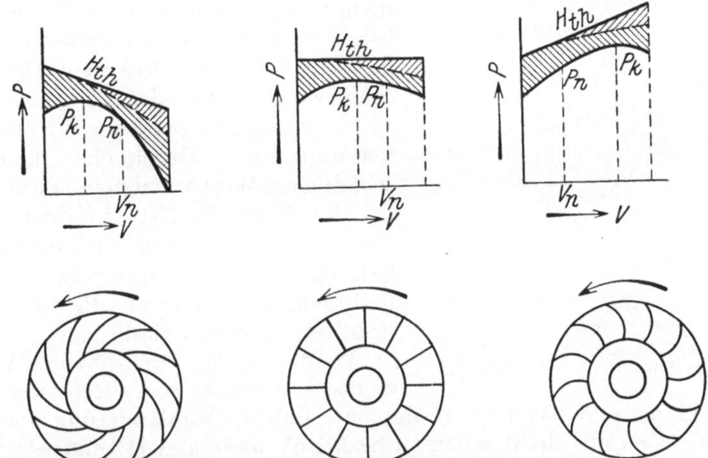

Abb. 47. Theoretische und wirkliche Kennlinien für eine gegebene Drehzahl bei verschiedenen Schaufelformen.

Diesen Wert für c_{2ux} in die Gleichung 27 eingesetzt, ergibt

$$H_{\text{theor}\infty\,x} = \frac{u_2}{g}\left(u_2 - \frac{V_x}{\pi \cdot D_2 \cdot b_2 \cdot \operatorname{tg}\beta_2}\right). \tag{54}$$

Die Gleichung 54 zeigt die Abhängigkeit der Förderhöhe bei unendlich vielen Schaufeln von dem Fördervolumen. Sie stellt eine Gerade dar, deren Verlauf durch die Größe des Winkels β_2 gegeben ist. Bei rückwärts gebogenen Schaufeln ($\beta_2 < 90^0$) nimmt $H_{\text{theor}\infty}$ bei Verkleinerung von V zu, bei vorwärts gebogenen Schaufeln ($\beta_2 > 90^0$) nimmt $H_{\text{theor}\infty}$ ab und bei radial endigenden Schaufeln ($\beta_2 = 90^0$) bleibt $H_{\text{theor}\infty}$ bei allen Volumen gleich. Für $V = 0$ liefern die drei Schaufelarten die gleiche Förderhöhe $H_{\text{theor}\infty} = \frac{1}{g}\,u_2^2$.

Daher schneiden die Kennlinien, die in Abb. 47 dargestellt sind, die Ordinatenachse in gleicher Höhe.

Die wirkliche Kennlinie weicht nun von der theoretischen erheblich ab, einerseits infolge der geringeren Schaufelarbeit bei endlicher Schaufelzahl, andererseits infolge der auftretenden Verluste, die einen Druckabfall hervorrufen. Durch die Minderleistung infolge endlicher Schaufelzahl wird allerdings der geradlinige Verlauf der Kennlinie nicht geändert[1], jedoch erhält nach Abzug der Druckverluste durch Reibung, die sich proportional mit dem Quadrat der Fördermenge ändern, und durch Stoßverluste die wirkliche Kennlinie einen parabelförmigen Verlauf (Abb. 48). Die Druckvolumenkurve, Abb. 48,

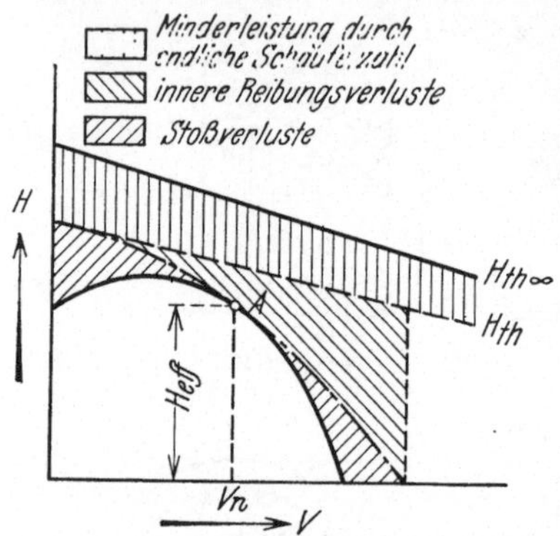

Abb. 48.   Entstehung der wirklichen Kennlinie des Kreiselverdichters.

läßt erkennen, daß die größte Gasmenge $V_{\max}$ gefördert wird, wenn kein Gegendruck in der Druckleitung herrscht. Bei geschlossenem Druckschieber, also bei der Fördermenge $= 0$, kann im Gegensatz zur Kolbenmaschine die Druckhöhe keinen schädlichen Wert annehmen. Punkt A ist der Normalpunkt, in dem der Verdichter den besten Wirkungsgrad hat, da bei dem Normalvolumen V_n und dem Normaldruck P_n die Verluste am kleinsten sind.

Wird nun die Drehzahl des Verdichters verstellt, so ändern sich die Druckhöhe und das Fördervolumen. Bei Drehzahländerung nur in engen Grenzen bleibt η bzw. μ praktisch unverändert, und es wird bei gleicher Stellung des Drosselschiebers

$$\frac{H_{\text{eff}}}{H'_{\text{eff}}} = \frac{\dfrac{1}{g}\, u_2^2 \cdot \mu \cdot x}{\dfrac{1}{g}\, u'^{\,2}_2 \cdot \mu \cdot x} = \frac{u_2^2}{u'^{\,2}_2} = \frac{n^2}{n'^{\,2}}.$$

Ferner ändert sich bei gleicher Schieberstellung die Gasmenge proportional mit der Drehzahl

$$\frac{V}{V'} = \frac{n}{n'}.$$

Sind die Fördermenge V, die Druckhöhe H_{eff} und die Drehzahl n bekannt, so können mit Hilfe der obigen Beziehungen die Werte V', H'_{eff} und n' ermittelt werden.

Für jede Drehzahl erhält man eine neue kongruente Kennlinie.

---

[1] E c k: Wasserkraftmaschinen in Forschung und Theorie. Z. techn. Phys. **1926** Nr. 1. — P f l e i d e r e r, Die Kreiselpumpen. Berlin: Julius Springer 1924.

Aus obigen Gesetzen können noch folgende Beziehungen abgeleitet werden

$$\frac{N}{N'} = \frac{n^3}{n'^{\,3}} \, .$$

Die Verdichterleistung ist proportional der dritten Potenz der Drehzahl.

Die Beziehung

$$\frac{V}{V'} = \sqrt{\frac{H_{\mathrm{eff}}}{H'_{\mathrm{eff}}}} \, .$$

kann durch eine Parabel mit der Gleichung $\dfrac{V}{\sqrt{H_{\mathrm{eff}}}} = \mathrm{const}$ dargestellt werden.

VII. Einfluß der Ansaugeverhältnisse.

1. Bestimmung des Ansaugevolumens feuchter Gase.

Das Ansaugevolumen eines Kreiselverdichters bestimmt die Maschinengröße, den Raddurchmesser und damit bei vorgeschriebener Drehzahl die Umfangsgeschwindigkeit. Bei Berechnung des Ansaugevolumens muß berücksichtigt werden, ob das Gas ganz oder teilweise mit Wasserdampf gesättigt ist, der das Gasvolumen stark beeinflußt. Zur Bestimmung des Gasvolumens muß daher der relative Feuchtigkeitsgehalt des Gases bekannt sein.

Nach dem Gesetz von Dalton ist der Gesamtdruck des feuchten Gases gleich dem Teildruck des Dampfes + dem Teildruck des Gases. Der Teildruck des Dampfes ist bei voller Sättigung gleich dem Sättigungsdruck bei der Gastemperatur. Ist die Dampfspannung geringer als der Sättigungsdruck, enthält also das Gas weniger Dampf als es höchstens aufnehmen könnte, so ist das Gas ungesättigt. Das Verhältnis der tatsächlich im Gas enthaltenen Feuchtigkeit zu dem höchsten Feuchtigkeitsgehalt heißt relativer Feuchtigkeitsgehalt $= \varphi$.

Ist $\varphi = 1$, also vollkommene Sättigung vorhanden, so ist der Dampfteildruck = Sättigungsdruck.

Bei $\varphi = 0{,}5$ ist der Dampfteildruck = halber Sättigungsdruck. Die relative Feuchtigkeit kann daher auch als das Verhältnis der vorhandenen Dampfspannung zur höchsten Spannung definiert werden.

Bei 40^0 hat der Wasserdampf z. B. einen Sättigungsdruck von 0,0752 Atm. Bei voller Sättigung ist somit der Dampfteildruck = 0,0752 Atm und bei halber Sättigung = $0{,}5 \cdot 0{,}0752 = 0{,}0376$ Atm. Es kann nun das Gasvolumen nach der Zustandsgleichung berechnet werden, nur ist statt des Gemischdruckes der Gasteildruck zu setzen.

Gasteildruck bei $\varphi = 1$: $1,0 - 0,0752 = 0,9248$ Atm

bei $\varphi = 0,5$: $1,0 - 0,0376 = 0,9624$ Atm

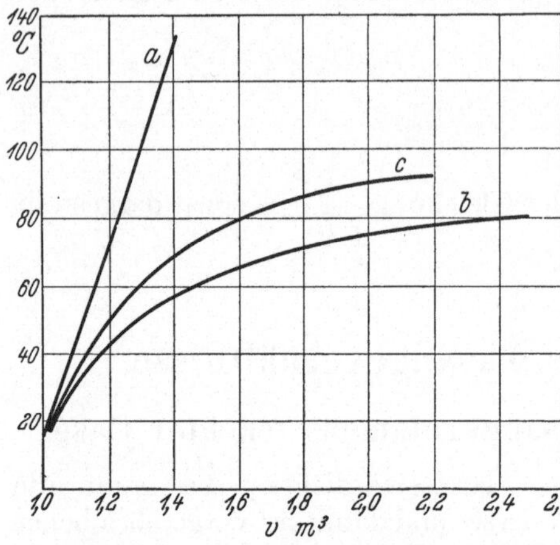

Abb. 49. Einfluß des Wasserdampfes auf das Volumen des Gases. a = Volumen des trockenen Gases; b = Volumen des wasserdampfgesättigten Gases; c = Volumen des wasserdampfhaltigen Gases bei halber Sättigung.

und man erhält für $\varphi = 1$:

$$V = 1\,\frac{1,0}{0,9248} \cdot \frac{313}{293} = 1,155\,\text{m}^3$$

für $\varphi = 0,5$:

$$V = 1\,\frac{1,0}{0,9624} \cdot \frac{313}{293} = 1,11\,\text{m}^3,$$

wenn das Volumen des trockenen Gases bei 20^0 C und 1 Atm 1 m³ ist.

Aus dem Diagramm, Abb. 49, ist der Unterschied zwischen dem trockenen und feuchten Gasvolumen bei verschiedenen Temperaturen ersichtlich. Mit Rücksicht auf den Wasserdampfgehalt wäre es daher vorteilhaft, die Ansaugetemperatur möglichst tief zu legen, um kleine Gebläse zu erhalten.

2. Einfluß des spezifischen Gewichts und der Ansaugetemperatur.

Es ist die Förderhöhe H_{eff} gleichbedeutend mit dem Arbeitsaufwand zur Verdichtung von 1 kg Gas, also nach Gleichung 37

$$\frac{P_1}{\gamma_1}\,\frac{m}{m-1}\left[\left(\frac{P_2}{P_1}\right)^{\frac{m-1}{m}} - 1\right] = H_{\text{eff}} = \frac{1}{g}\,u_2^2 \cdot \mu \cdot x\,.$$

Rotieren die Laufräder mit einer bestimmten Umfangsgeschwindigkeit u_2, so wird eine entsprechende Förderhöhe H_{eff} in m-Gassäule erzeugt unabhängig von der Natur des Gases. Je größer aber das spezifische Gewicht γ_1 des angesaugten Gases ist, einen desto größeren Druck wird von der Gassäule ausgeübt. Mit der Veränderung des spez. Gewichtes γ_1 ändert sich somit das Druckverhältnis $\dfrac{P_2}{P_1}$ des Verdichters bei gleichbleibendem Ansaugedruck P_1. Andererseits ist auch erkenntlich, daß für ein gewähltes Druckverhältnis $\dfrac{P_2}{P_1}$ bei gleichbleibendem Ansaugedruck u_2 bzw. x um so größer gewählt werden muß, je kleiner das spez. Gewicht γ_1 des Gases ist.

Die Zusammensetzung des Gases und damit des spez. Gewichtes γ_1 kann von Anlage zu Anlage aber auch in derselben Anlage während der verschiedenen Betriebszeiten schwanken. Es muß daher der Verdichter für das kleinste im Betriebe vorkommende spez. Gewicht gebaut werden, damit auch noch bei diesem $\gamma_{\min}$ der gewünschte Enddruck erreicht wird. Es ist aber zu beachten, daß auch der Gegendruck der Rohrleitung, soweit er von Reibungswiderständen herrührt, proportional mit der Verkleinerung von γ abnimmt, so daß sich also Gebläsedruck und Rohrleitungs-Reibungswiderstand in gleichem Sinn verändern und sich einander anpassen.

Dagegen muß die Leistung der Antriebsmaschine, sofern ihre Drehzahl nicht veränderlich ist, nach dem größten im Betrieb vorkommenden γ bemessen werden, da mit diesem der höchste Enddruck erreicht wird und die größte Antriebsleistung erforderlich ist. Ist die Drehzahl der Antriebsmaschine veränderlich, so können die Druckschwankungen durch Drehzahländerung ausgeglichen werden. Für das Gasgebläse ist daher die Turbine oder der Gleichstrommotor zum Antrieb besser geeignet als der Drehstrommotor mit unveränderlicher Drehzahl.

Bei feuchten Gasen ist zur Berechnung des γ auch eine Angabe der Wasserdampfsättigung erforderlich. Vielfach wird das spezifische Gewicht des trockenen Gases bezogen auf Luft $= 1$ angegeben. Aus dieser Verhältniszahl ist ersichtlich, wievielmal schwerer das Gas ist als Luft im gleichen Zustand. Bei trockenen Gasen kann γ bezogen auf den Ansaugezustand mit der Zustandsgleichung berechnet werden. Bei feuchten Gasen ist zuerst durch Abzug des Dampfteildruckes vom Gemischdruck der Gasteildruck zu bestimmen. Mit diesem Gasteildruck wird γ des trockenen Gases errechnet und durch Addition des Dampfgewichts das Gemischgewicht ermittelt.

Durch ein Beispiel soll die Berechnung des spezifischen Gewichts erklärt werden.

Ansaugedruck $P_1 = 0{,}995$ Atm,
Enddruck $P_2 = 1{,}13$ Atm,
Ansaugetemperatur $t_1 = 40^{\circ}$ C.

Spezifisches Gewicht des Koksofengases $\gamma = 0{,}4$ bis $0{,}5$ bezogen auf Luft $= 1$.

Dampfteildruck bei 40° C $P_d = 0{,}0752$ Atm,

Gasteildruck $P_g = 0{,}995 - 0{,}0752 = 0{,}9198$ Atm

$$\gamma_{l_{\min}} = 1{,}293 \,\frac{0{,}9198}{1{,}033} \cdot \frac{273}{313} \cdot 0{,}4 = 0{,}4 \left[\frac{\text{kg}}{\text{m}^3}\right]$$

$$\gamma_{l_{\max}} = 1{,}293 \,\frac{0{,}9198}{1{,}033} \cdot \frac{273}{313} \cdot 0{,}5 = 0{,}5 \left[\frac{\text{kg}}{\text{m}^3}\right]$$

γ des Wasserdampfes bei $40^0\,$C $\gamma_d = 0{,}05114 \left[\dfrac{\text{kg}}{\text{m}^3}\right]$

$$\gamma_{\min} = \gamma_{l_{\min}} + \gamma_d = 0{,}4 + 0{,}05114 = 0{,}45114 \left[\frac{\text{kg}}{\text{m}^3}\right]$$

$$\gamma_{\max} = \gamma_{l_{\max}} + \gamma_d = 0{,}5 + 0{,}05114 = 0{,}55114 \left[\frac{\text{kg}}{\text{m}^3}\right].$$

Nur bei vollständig trockener Luft entspricht der mit dem Barometer gemessene Druck P genau dem Luftdruck, während in allen anderen Fällen der gemessene Druck = Gasteildruck + Dampfteildruck ist.

Wird in Gleichung 37 $\dfrac{P_1}{\gamma_1}$ ersetzt durch $R\,T_1$, so wird

$$R\,T_1 \frac{m}{m-1}\left[\left(\frac{P_2}{P_1}\right)^{\frac{m-1}{m}} - 1\right] = H_{\text{eff}} = \frac{1}{g}\,u_2^2 \cdot \mu \cdot x\,. \tag{55}$$

Die Änderung der Gastemperatur, was häufig bei Gasgebläsen vorkommt, verlangt bei gleichem Druckverhältnis eine Änderung

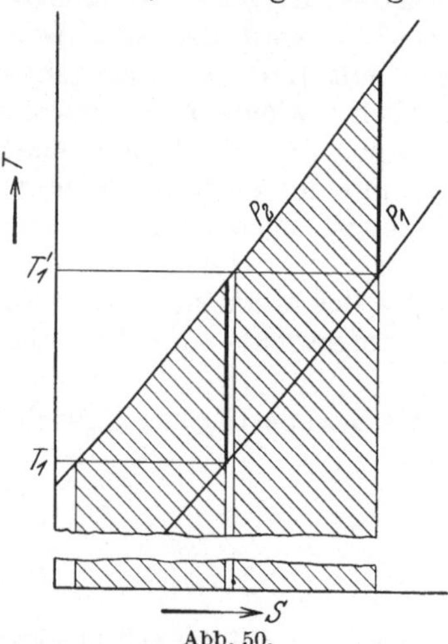

Abb. 50.

der Gebläsedrehzahl. Mit Hilfe des Entropiediagramms kann das auch leicht erklärt werden. Die Förderhöhe H_{eff} entspricht der Verdichtungsarbeit von 1 kg Gas. Im Entropiediagramm (Abb. 50) entsprechen die beiden schraffierten Wärmeflächen den adiabatischen Verdichtungsarbeiten bei verschiedenen Ansaugetemperaturen T_1 und T_1' und damit den Förderhöhen.

Da die Drucklinien horizontal in gleichen Abständen verlaufen, so haben die Flächen gleiche Basis, und die Ansaugetemperaturen stellen direkt die Förderhöhen dar. Die höhere Ansaugetemperatur T_1' erfordert bei gleichem Druckverhältnis die größere Förderhöhe und somit die höhere Drehzahl.

3. Einfluß der Saugdrosselung.

Durch Drosselung des Gases auf der Saugseite bleibt die Ansaugetemperatur fast unverändert. Nach Gl. 55 wird trotz des gedrosselten
Ansaugedrucks von dem Verdichter bei gleichbleibender Drehzahl
ein unverändertes Druckverhältnis er-
zeugt. Dieses ist daher unabhängig von
der Stärke der Drosselung. Ansaugedruck und Enddruck ändern sich in
gleichem Maße. Der Verdichter verdichtet das Gas sowohl von 1 auf 2 Atm
als auch von 0,1 auf 0,2 Atm. Die aufzuwendende Verdichtungsarbeit ändert
sich allerdings proportional mit dem
Ansaugedruck (vgl. Gl. 23).

In Abb. 51 stellt a die Charakteristik des Verdichters in ungedrosseltem
Zustand dar. Es läßt sich nun graphisch
eine gedrosselte Kennlinie und die zugehörige Leistungskurve durch folgende
Überlegung bestimmen:

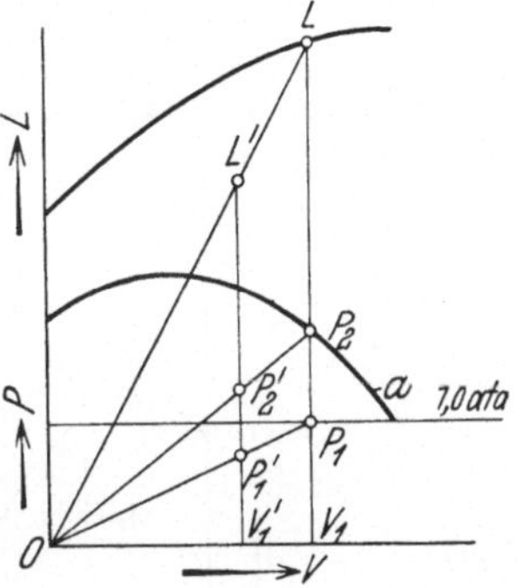

Abb. 51. Konstruktion der Kennlinie bei Drosselung in der Saugleitung.

Sind P_1 der ungedrosselte und P_1' der gedrosselte Ansaugedruck,

so muß $\dfrac{P_2}{P_1} = \dfrac{P_2'}{P_1'} = RT_1$ sein, da bei der Drosselung die Ansauge-

temperatur fast unverändert bleibt. Werden von P_2 und P_1 nach O

zwei Strahlen gezogen (Abb. 51) und aus der Beziehung $\dfrac{V_1}{V_1'} = \dfrac{P_1}{P_1'}$ das

Gasvolumen V_1' vor der Drosselung bestimmt, so ergeben sich für
dieses Volumen auf den beiden Leitstrahlen die Drücke P_2' und P_1'.

Aus der Ähnlichkeit der Dreiecke $P_2 P_1 O$ und $P_2' P_1' O$ folgt $\dfrac{P_2}{P_1} = \dfrac{P_2'}{P_1'}$,

so daß für das Volumen V_1' vor der Drosselung P_2' der Enddruck und
P_1' der Ansaugedruck des Verdichters darstellen. Selbstverständlich
ändert sich nur das Volumen vor der Drosselung, während das tatsächlich angesaugte Volumen unverändert bleibt. Durch die gleiche
Überlegung wird auch die Leistung L' gefunden auf dem Leitstrahl

LO, da die Beziehung $\dfrac{L}{L'} = \dfrac{P_1}{P_1'}$ besteht und sich die Leistung nur

proportional mit dem Ansaugedruck ändert bei gleichbleibendem
Druckverhältnis und gleichbleibendem Ansaugevolumen.

Punktweise können so die neue Kennlinie, die zugehörige
Leistungskurve und die Drosselkurve konstruiert werden.

In Abb. 52 sind nach dem beschriebenen Verfahren aus der ungedrosselten Charakteristik neue gedrosselte Kennlinien entworfen. Werden mit v die Gasgeschwindigkeit im engsten Querschnitt des Drosselorgans und mit $\varDelta P$ der Druckabfall infolge der Drosselung bezeichnet, so ist für kleine Druckabfälle

$$\varDelta P = \frac{v_2}{2g}\,\gamma_m\,.$$

Die gedrosselten Ansaugedrucke liegen daher auf einer parabolischen Kurve.

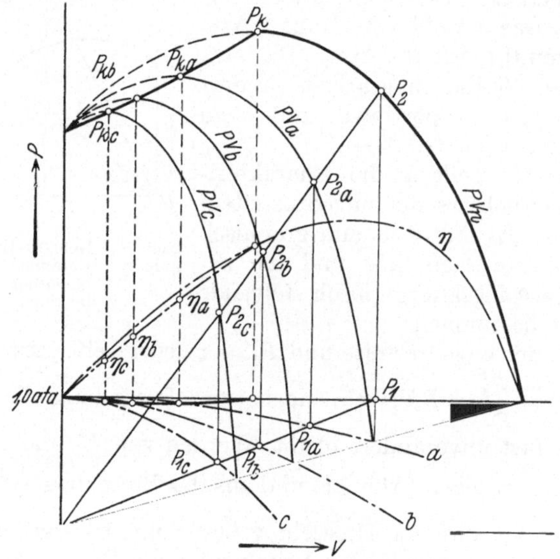

Abb. 52. Kennlinien bei Saugdrosselung.
PV_n = normale Kennlinie.
a, b, c = Drosselparabeln.
PV_a, PV_b, PV_c = Kennlinien bei Saugdrosselung.
$P_k, P_{k_a}, P_{k_b}, P_{k_c}$ = Obere Saugdrossel-Pumpgrenze.

Bei Verkleinerung der Förderung wird die Drosselung relativ geringer, so daß bei dem Fördervolumen $V = 0$ schließlich alle Kennlinien mit der ursprünglichen Charakteristik durch einen Punkt gehen.

4. Kennlinie des Gassaugers.

In gleicher Weise kann auch die Kennlinie eines Gassaugers, der einen gleichbleibenden Enddruck z. B. 1 Atm erzeugt, entworfen werden. In Abb. 53 ist aus der Kennlinie a, welche sich mit dem konstanten Ansaugedruck $P_1 =$ Atm ergibt, die Kennlinie a' konstruiert, die der Verdichter bei gleichbleibendem Enddruck z. B. $P_2 = 1{,}0$ Atm hat. Der Verdichter kann daher als Druckgebläse nach a oder als Sauger nach a' arbeiten. Die Leistungskurve b' des Saugers steigt mit zunehmendem Volumen sehr stark an. Die Antriebsmaschine des Saugers muß daher stark genug gewählt werden, damit sie bei Abnahme oder vielleicht vollkommenem Verschwinden des Unterdruckes nicht zu sehr überlastet wird.

VIII. Änderung des Betriebspunktes mit dem Netzwiderstand.

Der Widerstand, der sich im Betrieb dem Gase am Druckstutzen entgegenstellt, kann gleichbleibend oder mit der Gasmenge veränderlich sein. Der Widerstand bleibt gleich, wenn das Gas durch eine Flüssigkeit hindurchgedrückt wird, z. B. in chemischen Fabriken, wo das Gas zwecks Reinigung und Nebenproduktengewinnung verschiedene Bäder passieren muß (Kurve W_a Abb. 54). Veränderliche Widerstände sind Leitungs- oder Reibungswiderstände, die das Gas beim Durchströmen von Rohrleitungen, Apparaten usw.

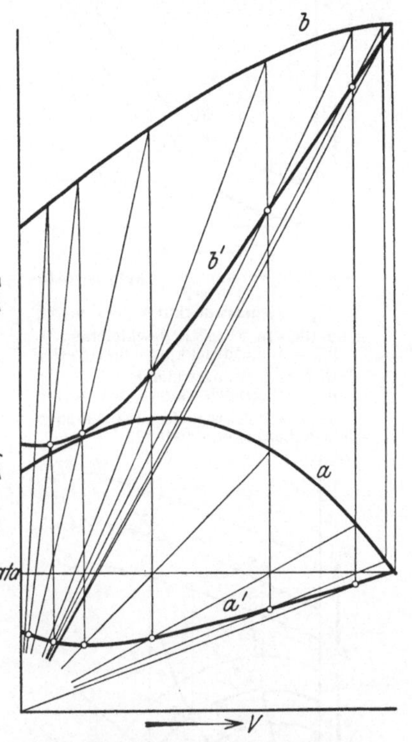

Abb. 53. Kennlinie eines Saugers (Exhaustors). $a =$ Kennlinie bei Gebläsebetrieb; $b =$ Leistungscharakteristik bei Gebläsebetrieb; $a' =$ Kennlinie bei Exhaustorbetrieb; $b' =$ Leistungscharakteristik bei Exhaustorbetrieb.

zu überwinden hat. Widerstände dieser Art trifft man beispielsweise in den Druckluftanlagen der Bergwerke und der Werften, in Gasferndruckanlagen, Hochofenanlagen usw. Da diese Reibungswiderstände sich ungefähr mit dem Quadrat der Fördermenge ändern, ergibt sich als Gegendrucklinie eine Parabel mit dem Scheitel in O (Kurve W_b Abb. 54).

Flüssigkeits- und Reibungswiderstände treten oft gleichzeitig auf und die Widerstandskurve W_c entsteht durch Überlagerung der

Kurven W_a und W_b (Abb. 54). Bei Stahlwerksgebläsen, wo die Luft durch lange Rohrleitungen und ein flüssiges Eisenbad gedrückt wird.

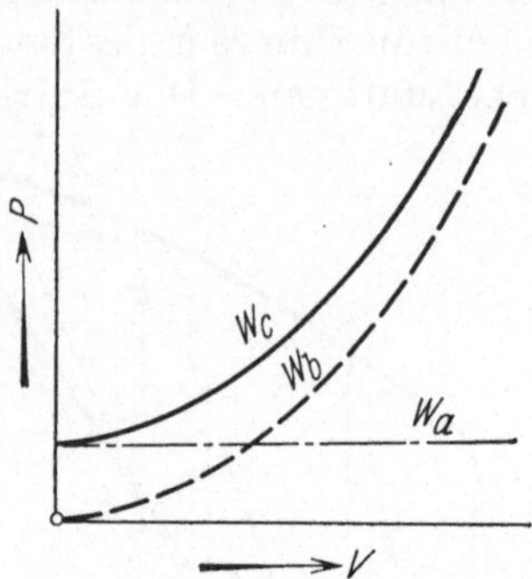

Abb. 54. Verlauf der Netzcharakteristik.
W_a = Gegendruckkurve bei unveränderlichem Flüssigkeitswiderstand.
W_b = Gegendruckkurve bei veränderlichem Leitungswiderstand.
W_c = Gegendruckkurve bei unveränderlichem Flüssigkeits-plus veränderlichem Leitungswiderstand.

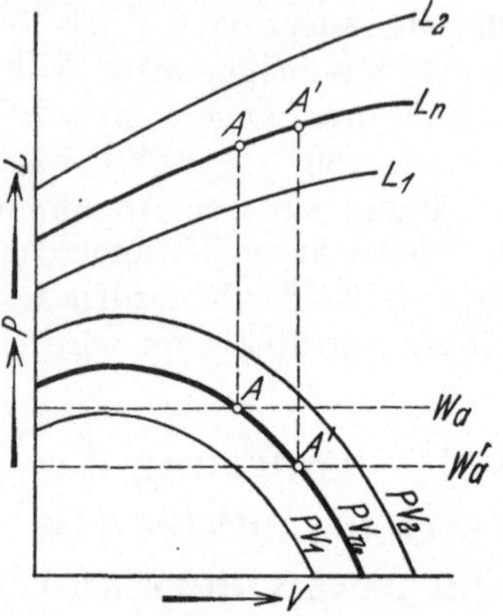

Abb. 55.   Verschiebung des Betriebspunktes bei Änderung eines reinen Flüssigkeitswiderstandes.
A = Betriebspunkt bei normalem Widerstand; A' = Betriebspunkt bei verkleinertem Widerstand.

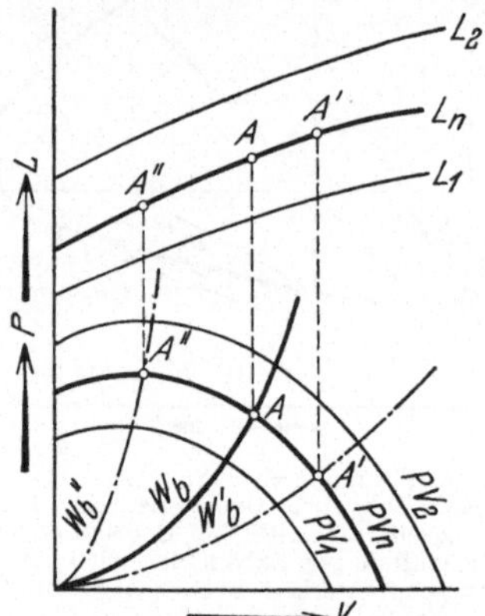

Abb. 56. Verschiebung des Betriebspunktes bei Änderung eines reinen Leitungswiderstandes.
A = Betriebspunkt bei normalem Widerstand; A' = Betriebspunkt bei verkleinertem Widerstand; A'' = Betriebspunkt bei vergrößertem Widerstand.

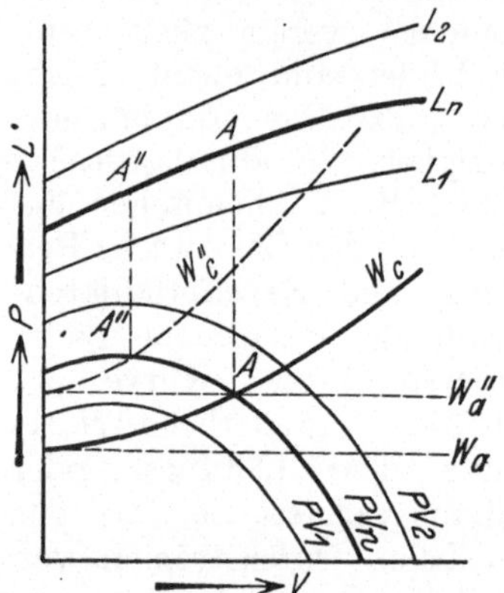

Abb. 57. Verschiebung des Betriebspunktes bei Änderung eines zusammengesetzten Flüssigkeits- und Leitungswiderstandes.
A = Betriebspunkt bei normalem Widerstand; A'' = Betriebspunkt bei vergrößertem Widerstand.

in Gasanstalten, wo das Gas zwecks Reinigung und Nebenproduktengewinnung durch Kühl- und Wascheinrichtungen gefördert wird, können Widerstände der letzteren Art auftreten.

Der Verdichter arbeitet in seinem Normalpunkt, wenn der von dem Verdichter bei seinem normalen Ansaugevolumen erzeugte Druck gerade mit dem Netzdruck übereinstimmt. Die Widerstandskurve muß daher die Kennlinie im Normalpunkt schneiden. Die Abb. 55, 56, 57 lassen für die verschiedenen Widerstandsarten (Netzcharakteristiken) die Verschiebung des Betriebspunktes erkennen. Ist der Widerstand statt W nur W', so verschiebt sich der Betriebspunkt von A nach A'. Trotz des kleineren Widerstandes steigt jedoch die Leistungsaufnahme von A auf A'. Es muß daher die Antriebsmaschine genügend groß bemessen sein. Ist der Netzgegendruck größer als der erzielbare höchste Verdichterdruck bei der normalen Drehzahl, so wird bei reinem Flüssigkeitswiderstand die Förderung ganz aufhören, wenn die Drehzahl nicht erhöht werden kann. Beim reinen Reibungswiderstand ist es ganz ausgeschlossen, daß die Förderung aufhören könnte, weil die Widerstandskurve immer die Kennlinie schneidet. Der Betriebspunkt verschiebt sich von A nach A'' und die Leistung von A nach A''.

IX. Das Pumpen, die Pumpgrenze und die Verhütung des Pumpens.

1. Ursache des Pumpens.

Ist der Betriebspunkt des Verdichters sein Normalpunkt, so saugt der Verdichter das Normalvolumen V_n an. Der normale Enddruck ist P_n (Abb. 58). Wird nun weniger Gas verbraucht als der Verdichter fördert, so steigt der Druck in dem Leitungsnetz an. Der Betriebspunkt wandert auf der Kennlinie von dem Normalpunkt nach links. Schließlich ist der Netzdruck gleich dem höchsten Druck P_k der Kennlinie. Ist das bei diesem kritischen Druck P_k geförderte kritische Volumen V_k noch zu groß, so verschiebt sich der Betriebspunkt weiter nach links, und der Verdichterdruck wird jetzt sogar kleiner als der Druck im Leitungsnetz. Die Folge ist, daß Gas aus dem Leitungsnetz in den Verdichter zurückströmt, und die Förderung in diesem Moment vollkommen aufhört. Der Betriebszustand des Verdichters verschiebt sich von P_k auf den Leerlaufpunkt P_1, in dem der Verdichter den Druck P_1 erzeugt. Da nun weiter dem Leitungsnetz Gas entnommen wird, so sinkt auch der Netzdruck allmählich auf den Druck P_1. In diesem Augenblick beginnt der Verdichter wieder zu fördern. Der Betriebspunkt springt von P_1 nach P_1' und der Verdichter fördert die Gasmenge V_1'. Da diese Gasmenge aber bedeutend größer ist als die verbrauchte, so steigt der Druck wieder von P_1' bis P_k, und die Förderung wird wieder unterbrochen. Diese

Betriebserscheinung nennt man „Pumpen", da die bei dem Abhängen des Verdichters auftretenden Geräusche Ähnlichkeit haben mit denen von Kolbenpumpen. Obwohl durch das Pumpen die Luftlieferung an der Verbrauchsstelle keine Unterbrechung erfährt und nur lediglich kleine Druckschwankungen auftreten, so muß das Pumpen möglichst vermieden werden, da die durch das Rückströmen auftretenden Stöße den ruhigen Gang der Maschine beeinflussen. Die Stärke und Dauer einer Pendelung hängt von dem Fassungsvermögen des Leitungsnetzes ab. Bei einem großen Netz, z. B. bei Gasferndruck- und weitverzweigten Preßluftanlagen dauert es länger bis der Druck P_k auf P_1 gesunken und anschließend das Netz wieder aufgefüllt ist. Das Pumpen geht langsam vor sich. Bei sehr kleinen Leitungsnetzen kann die Zeitdauer für die Entleerung sogar so kurz sein, daß der Druck im Leitungsnetz den Verdichterdruck erreicht, bevor letzterer auf P_1 gesunken ist. Es kann dann der Verdichter die Förderung bei dem höheren Druck als P_1 wieder beginnen. In solchem Falle tritt nur ein leichtes Pumpen ein, der Verdichter „schnauft".

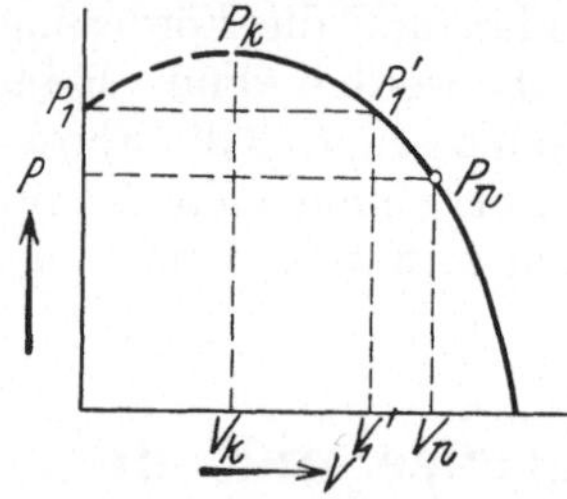

Abb. 58. Kennlinie des Kreiselverdichters bei unveränderlicher Drehzahl. P_n, V_n = Druck und Volumen im Normalpunkt; P_k, V_k-Druck und Volumen im kritischen Punkt; P_1 = Druck bei dem Volumen = 0; P_n, P_k, P_1, P_1' = Betriebspunkte.

Zur Vermeidung des Pumpens darf das kritische Volumen niemals unterschritten werden. Bei stark schwankenden Betriebsverhältnissen soll daher der Normalpunkt möglichst weit von V_k entfernt gelegt werden. Muß dennoch zeitweise das kritische Fördervolumen unterschritten werden, so müssen besondere Mittel angewendet werden, die das Pumpen verhüten.

2. Obere Saugdrosselpumpgrenze.

Jeder Stellung des Saugdrosselschiebers entsprechen eine Drosselparabel und eine neue Kennlinie. Werden die Scheitel aller der in Abb. 52 dargestellten gedrosselten Kennlinien durch eine Kurve verbunden, so entsteht die obere Saugdrosselpumpgrenze, die erkennen läßt, daß durch Drosselung das labile Arbeitsgebiet verkleinert werden kann. Im allgemeinen wird jedoch diese Saugdrosselpumpgrenze nicht erreicht werden können, da sich bei Drosselung der Druck augenblicklich nach einer Parabel ändern muß (vgl. Parabeln a, b und c).

3. Untere Saugdrosselpumpgrenze.

Der Saugraum nach dem Drosselorgan ist jedoch verhältnismäßig groß, so daß die Änderung des Ansaugedruckes nicht augenblicklich, sondern allmählich eintritt. In Abb. 59 sind für die gleichbleibend angenommenen Unterdrücke nach dem im Kap. VII, 3 beschriebenen Verfahren aus der ungedrosselten Kennlinie neue Kennlinien konstruiert. Diese gehen nun nicht mehr durch den gemeinsamen Punkt P_1, sondern liegen ganz unterhalb der ursprünglichen Kennlinie. Die Verbindungslinie der kritischen Punkte P_k', P_{k_a}, P_{k_b}, P_{k_c} ist eine Gerade, die durch den Nullpunkt geht und als untere Saugdrosselpumpgrenze bezeichnet wird. Sie teilt das Arbeitsgebiet des Verdichters in ein stabiles und ein labiles Gebiet. Trotz starker Drosselung, die natürlich eine Verschlechterung des Wirkungsgrades zur Folge hat (vgl. η_a, η_b, η_c in Abb. 59), kann das Pumpen nicht bis auf Nullförderung verhindert werden.

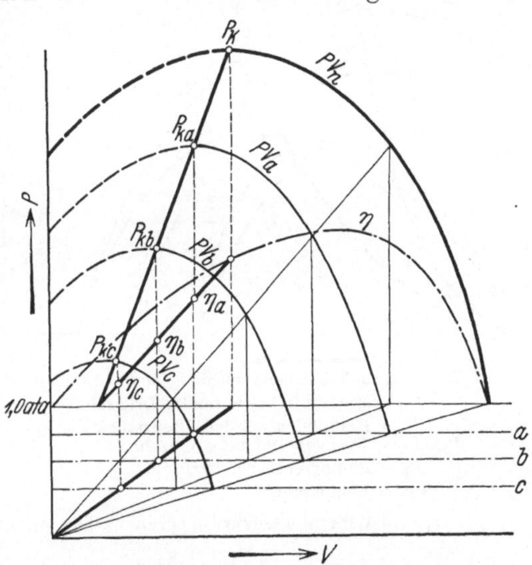

Abb. 59. Kennlinien bei Saugdrosselung und gleichbleibendem Unterdruck in der Saugteilung.
PV_n = normale Kennlinie.
a, b, c = gleichbleibende Saugdrücke.
PV_a, PV_b, PV_c = Kennlinien bei Saugdrosselung.
P_k, P_{k_a}, P_{k_b}, P_{k_c} = Untere Saugdrossel-Pumpgrenze.

4. Pumpgrenze bei Drehzahländerung.

Ist es nun möglich, die Drehzahl des Verdichters zu ändern, so erhält man für jede Drehzahl eine neue kongruente Kennlinie. Auch hier stellt die Verbindungslinie der Scheitel aller Kennlinien die Pumpgrenze dar (Abb. 60). In Abb. 61 sind die drei verschiedenen Pumpgrenzen nochmals zusammengestellt. Ein Vergleich der Grenze b bei Saugdrosselung mit der Grenze c bei Drehzahlregulierung läßt erkennen, daß das stabile Arbeitsgebiet in beiden Fällen ziemlich gleich bleibt. Allerdings ist die Wirkungsgradverschlechterung bei Drehzahländerung nicht so groß.

5. Verhütung des Pumpens durch das Ausblaseventil.

Bei Verhütung des Pumpens durch Drehzahlregulierung und durch Saugdrosselung muß jedoch eine Abnahme des Enddruckes in Kauf genommen werden. Soll nun der Enddruck auch bei kleinstem Fördervolumen nicht absinken, so müssen andere Mittel zur Verhütung des Pumpens Verwendung finden. Eine sehr einfache, aber unwirtschaftliche Verhütung des Pumpens ermöglicht das Ausblaseventil. Sinkt das Verbrauchsvolumen unter das kritische Volumen, so wird durch Öffnung des Ausblaseventils der Überschuß zwischen dem kritischen Volumen und dem Verbrauchsvolumen aus der Druckleitung ins Freie gelassen, so daß der Verdichter mit gleichbleibendem Volumen und Druck arbeiten kann. Die vom Verdichter aufgenommene Leistung bleibt natürlich für alle Fördermengen kleiner als V_k unverändert. Die Verhütung des Pumpens durch Ausblasen des Gases ist daher noch unwirtschaftlicher als bei Saugdrosselung. Vorteilhaft findet das Ausblaseventil Verwendung in Verbindung mit der Saugdrossel- und Drehzahlreguliernng. Brown, Boveri hat für die Betätigung des Ausblaseventils eine besondere Vorsteuerung konstruiert, die in Abb. 62 dargestellt ist. Das kritische Volu-

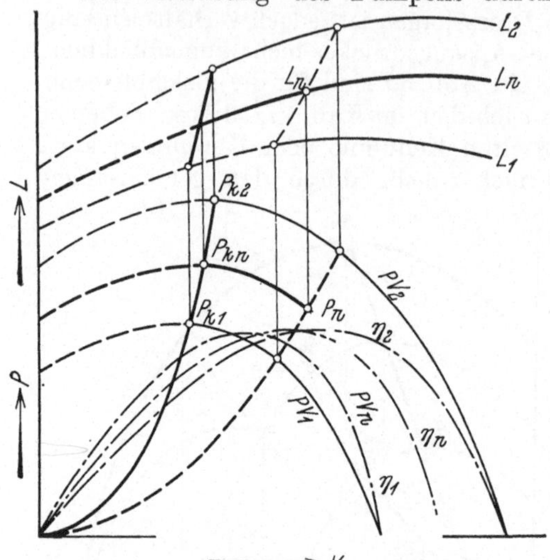

Abb. 60. Kennlinien bei verschiedenen Drehzahlen.

PV_n = Kennlinie bei normaler Drehzahl.

PV_1, PV_2 = Kennlinien bei den Drehzahlen n_1, n_2.

P_n, L_n = Normalpunkt bei Drehzahl n.

P_k = Pumpgrenze bei Drehzahl n.

P_{k_2}, P_{k_n}, P_{k_1} = Pumpgrenze.

η, η_1, η_2 = Wirkungsgradkurven bei Drehzahl n, n_1, n_2.

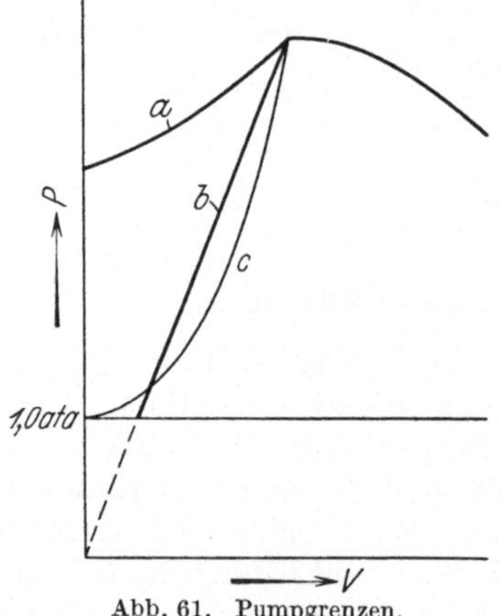

Abb. 61. Pumpgrenzen.

a = Obere Saugdrossel-Pumpgrenze.

b = Untere Saugdrossel-Pumpgrenze.

c = Pumpgrenze bei Drehzahländerung.

men ändert sich nach der Pumpgrenze. Das Ausblaseventil muß
so gesteuert werden, daß dasselbe bei Unterschreitung des kritischen
Volumens also Überschreitung der in Frage kommenden Pumpgrenze

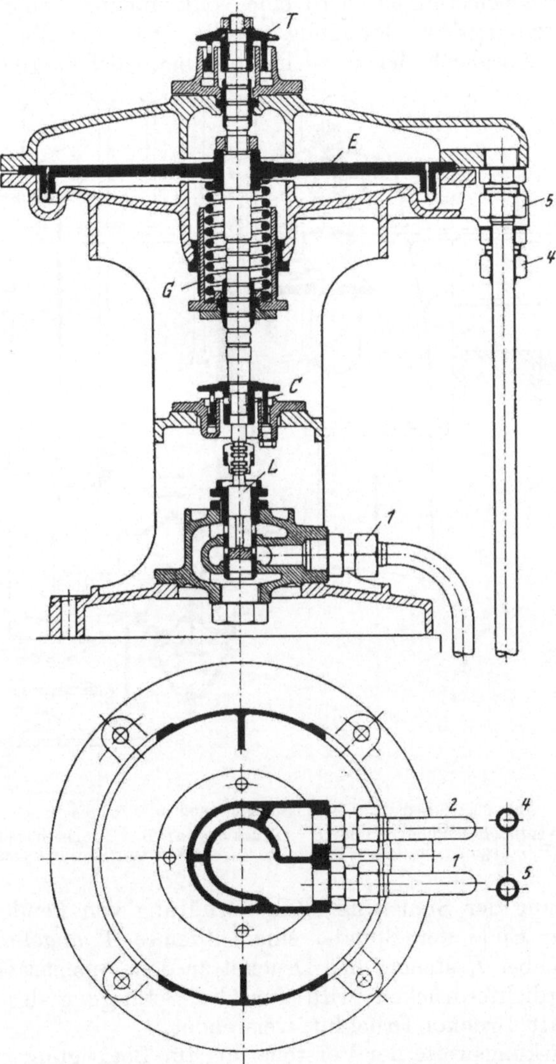

Abb. 62. Vorsteuerung von Brown, Boveri.

E = Membrankolben; G = Regulierfeder; T = Ölbremse; L = Steuerkolben; C = Führung;
1, 2 = Ölleitungen; 4, 5 = Druckluftleitungen.

Schulz, Turbokompressoren.   5

zu öffnen beginnt. Die Vorsteuerung muß daher unter dem Einfluß des Druckes und des Volumens stehen.

An der Regulierspindel ist ein Membrankolben E befestigt. Durch eine Ledermembrane, die am Umfang des Membrankolbens und am Gehäuse befestigt ist, wird eine vollkommene Abdichtung und eine fast reibungslose Bewegung erzielt. Die verstellbare Feder G dient zum Ausgleich der Gewichte der beweglichen Teile und zur

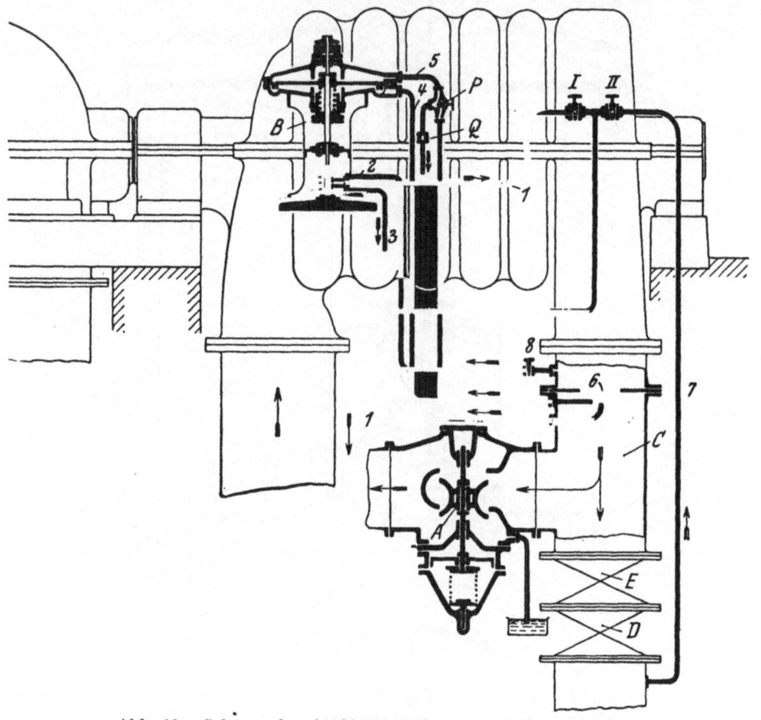

Abb. 63. Schema der Ausblaseregulierung mit Vorsteuerung.
A = Ausblaseventil; B = Vorsteuerung; C = Druckleitung; D = Druckschieber; E = Rückschlagklappe; P = Regulierventil; Q = Blende; $1, 2, 3, 4, 5, 7$ = Druckluftleitungen; 6 = Blende.

Stabilisierung der Steuerung. Zur Verhütung von Pendelungen ist am oberen Ende der Spindel eine Ölbremse T angebracht. Der Kolbenschieber L steuert das Drucköl zu dem Ausblaseventil. Bei hohen Verdichterdrücken wird für die Betätigung des Ausblaseventils statt Drucköl Druckluft verwendet.

Die Wirkungsweise der Vorsteuerung für Betätigung mit Druckluft in Verbindung mit dem Ausblaseventil geht aus dem Schema, Abb. 63, hervor.

In die Druckleitung ist eine Blende 6 eingebaut. Die Leitung 4 überträgt den statischen Druck unter den Membrankolben und die Leitung 5 den statischen und den dynamischen Druck über den Membrankolben. Als resultierende Verstellkraft wirkt daher auf den Membrankolben der dynamische Druck, der proportional $\gamma \dfrac{c^2}{2g}$ ist. Bei gleichbleibendem spezifischem Gewicht ändert sich die Verstellkraft mit der Gasgeschwindigkeit, also auch mit dem Volumen. Da das kritische Volumen sich mit dem Druck ändert, muß auch der Verdichterdruck auf die Vorsteuerung wirken. Zu diesem Zweck ist in die Leitung 5 die Blende Q eingebaut. Ist letztere geschlossen, so ist der statische Druck auf beiden Seiten des Membrankolbens gleich. Läßt man aber eine bestimmte Gasmenge durch die Blende Q entweichen, so entsteht eine Druckdifferenz, die sich ungefähr proportional mit dem Enddruck des Verdichters ändert. Die auf den Membrankolben wirkenden Verstellkräfte, herrührend von Druck und Volumen, halten sich mit der Federkraft das Gleichgewicht. Wird dieses gestört, so steuert der Kolbenschieber die Druckluft auf den Kraftkolben des Ausblaseventils, wodurch dieses sich öffnet. Läßt der Steuerkolben die Druckluft ins Freie entweichen, so schließt sich das Ausblaseventil unter Einwirkung seiner Feder.

6. Saugregelung der Frankfurter Maschinenbau A.G.

Wirtschaftlicher ist die Saugregelung der Frankfurter Maschinenbau-A.-G., die auf folgende Art das Pumpen bis herunter auf Nullast zu verhindern ermöglicht. Erreicht der Verdichter bei kleinerem Fördervolumen entsprechend seiner Kennlinie einen bestimmten Druck, so wird die Saugleitung automatisch abgesperrt und gleichzeitig die Rückschlagklappe geschlossen, so daß der Verdichter leerläuft. Zwecks Vermeidung zu hoher Gastemperatur in diesem Betriebszustand muß allerdings eine kleine Menge Kühlluft gefördert werden. Sobald der Druck im Leitungsnetz um einen bestimmten Betrag abgesunken ist, so wird die Saugleitung wieder freigegeben, und der normale Betrieb setzt ein. Neben ihrer Einfachheit hat die Regulierung den Vorteil, daß die Maschine entweder mit bestem Wirkungsgrad oder leerläuft.

7. Diffusorregulierung der Brown, Boveri A.G.

Das Ansaugevolumen eines Verdichters mit unveränderlicher Drehzahl kann schließlich weitgehend verringert werden durch Verkleinerung der Leitradquerschnitte, ohne daß Pumpen oder ein praktischer Druckabfall eintreten. Die Leitschaufeln werden ähnlich wie bei den Wasserturbinen verdreht, entweder von Hand oder auch selbsttätig. Diese Brown-Boveri geschützte Diffusorregulierung ermöglicht eine Zusammendrängung der Kennlinien, und das Pumpen kann bis auf sehr kleine Fördermengen mit gutem Wirkungsgrad verhindert werden. In Abb. 64 ist die Kurve PV_n die Kennlinie bei normaler Drehzahl und vollständig geöffneten Leitradschaufeln. Jeder Stellung der Leitschaufeln entspricht eine andere Kennlinie, die alle

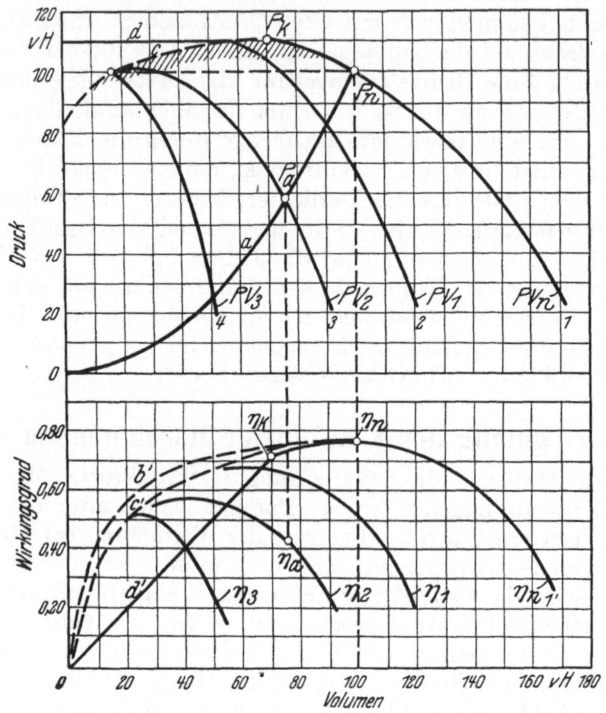

Abb. 64. Kennlinien und Wirkungsgradkurven bei Drehschaufelregulierung.

umnüllt werden von der Kurve c, die das stabile Arbeitsgebiet begrenzt und bis fast Nullförderung nur wenig abfällt. Gleichzeitig ist ersichtlich, daß die umhüllende Wirkungsgradkurve c' nur wenig abweicht von der Wirkungsgradkurve b', die im günstigsten Falle erreicht werden könnte. Zum Vergleich ist auch gestrichelt der Verlauf der Wirkungsgradkurve bei Verwendung eines Ausblaseventils eingezeichnet (Kurve d'), und man erkennt die wirtschaftliche Überlegenheit der Diffusorregulierung.

In Abb. 65 sind Kennlinien eines vielstufigen Turbokompressors dargestellt. Das Fördervolumen kann bis etwa 30 vH der Normal-fördermenge ohne Pumpen vermindert werden, wobei der Druck über den ganzen Regulierbereich nicht unter den normalen Wert sinkt.

Die Konstruktion und der Einbau der verstellbaren Leitschaufeln in den Leitradring sind aus Abb. 66a und b erkenntlich. Die beweglichen Leitschaufeln aus Stahlguß (Abb. 67) be-

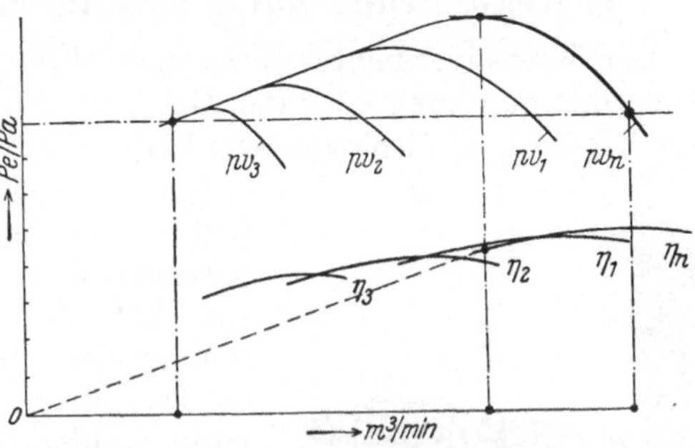

Abb. 65. Kennlinien und Wirkungsgradkurven eines Turbokompressors mit beweglichen Diffusorschaufeln bei gleichbleibender Drehzahl.

finden sich zwischen zwei einteiligen Leitradwänden, die durch einige feste Schaufeln distanziert sind (Abb. 68). Die Leitschaufeln sind mittels Drehzapfen in Kugellagern gelagert. Letztere sind

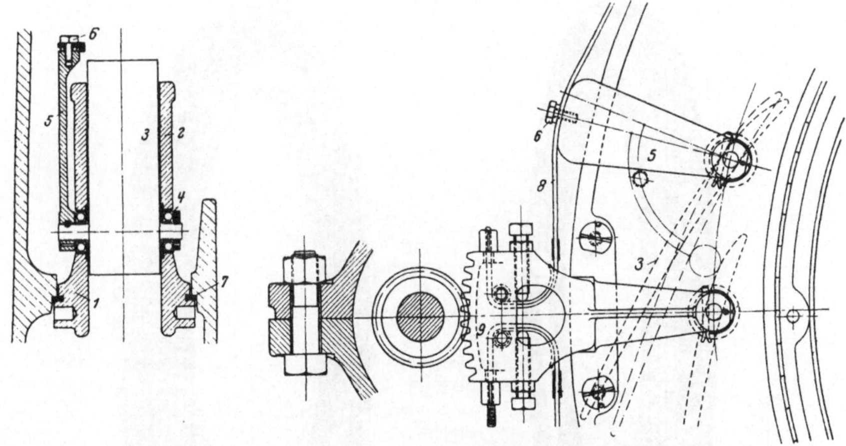

Abb. 66a.   Abb. 66b.

Abb. 66a u. b. Diffusorregulierung, Bauart Brown, Boveri.

durch Abdeckbleche vor dem Luftstrom geschützt in die Seitenwände eingebaut. Mit Hilfe einer Drahtseilklemme sind die an den Drehzapfen aufgekeilten Hebeln miteinander verbunden. Die Enden des Drahtseiles sind in einer Spannvorrichtung befestigt, an der die Verstellvorrichtung angreift. Ein zum Einbau fertiges Leitrad mit beweglichen Leitschaufeln zeigt Abb. 69.

X. Regulierung des Verdichters.

1. Regulierung auf gleichbleibenden Enddruck.

Der Kreiselverdichter kann mit Hilfe der Saugdrosselung, der Drehzahlregulierung oder der Diffusorregulierung allen vorkommenden Betriebsverhältnissen innerhalb seines stabilen Arbeitsbereiches angepaßt werden. Da die Drehzahlregulierung den anderen Regulierungen wirtschaftlich überlegen ist, wird man als Antriebsmaschine für Verdichter mit großem Regulierbereich möglichst die Dampfturbine oder den Gleichstrommotor wählen. Bei Änderung des Fördervolumens ändert sich bei gleichbleibender Drehzahl der Luftenddruck entsprechend der Kennlinie, und es muß

Abb. 67.   Drehbare Diffusorschaufel (BBC).

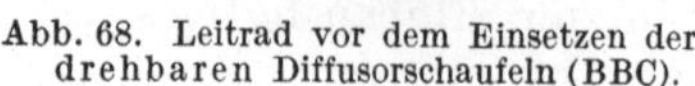

Abb. 68. Leitrad vor dem Einsetzen der drehbaren Diffusorschaufeln (BBC).

Abb. 69. Leitrad mit drehbaren Schaufeln (*BBC*).

deshalb zur Konstanthaltung des Luftdruckes die Drehzahl geändert werden. Abb. 70 zeigt das Schema der Regulierung auf gleichbleibenden Enddruck durch Drehzahländerung bei Turbinenantrieb. Der Luftdruck wirkt auf den durch eine Feder belasteten Kolben f. Dieser verstellt den Hebel, der zunächst in A seinen festen Drehpunkt hat. Der Steuerkolben b steuert das Drucköl über bzw. unter den Kolben des Servomotors C, wodurch

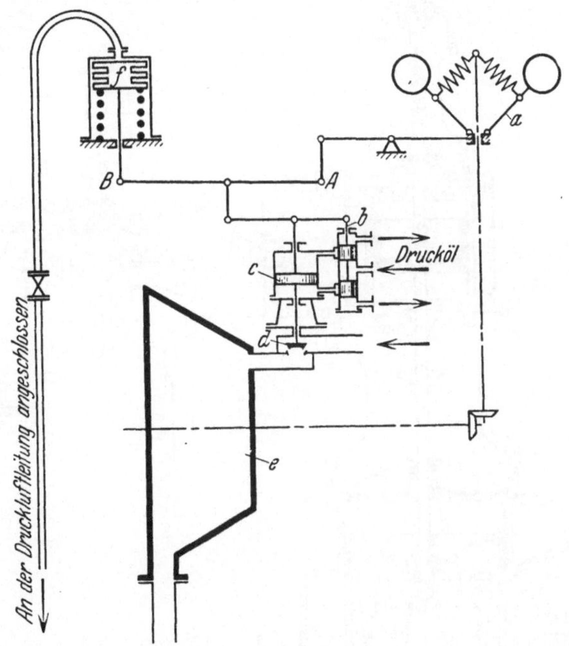

Abb. 70. Schema der Regulierung auf gleichbleibenden Enddruck bei Dampfturbinenantrieb.

das Dampfregulierventil entweder schließt oder öffnet. Bei großen Leitungsnetzen ist es erforderlich, daß außer dem Druckregler auch ein Geschwindigkeitsregler auf die Steuerung einwirkt. Große Leitungsnetze haben nämlich ein so großes Speicherungsvermögen, daß Dampfdruckänderungen und die damit verbundenen Drehzahländerungen nicht sofort den Luftdruckregler beeinflussen. Diese zeitliche Verzögerung kann zu Pendelungen im Luftnetz führen. Die Drehzahl in Abhängigkeit von Dampfdruckschwankungen muß deshalb direkt durch den Geschwindigkeitsregler a reguliert werden. Druckluftregler und Geschwindigkeitsregler wirken also gleichzeitig in entgegengesetztem Sinne auf das Regulierventil, das aus folgendem

Beispiel hervorgeht. Sinkt der Netzdruck und somit der Druck unter
dem Druckregler *f*, so wird über den Hebel *g* der Steuerschieber *b* ge-
senkt. Dieser steuert das Drucköl unter den Kolben *c* und das
Dampfventil *d* wird mehr geöffnet, wodurch eine Erhöhung der Dreh-

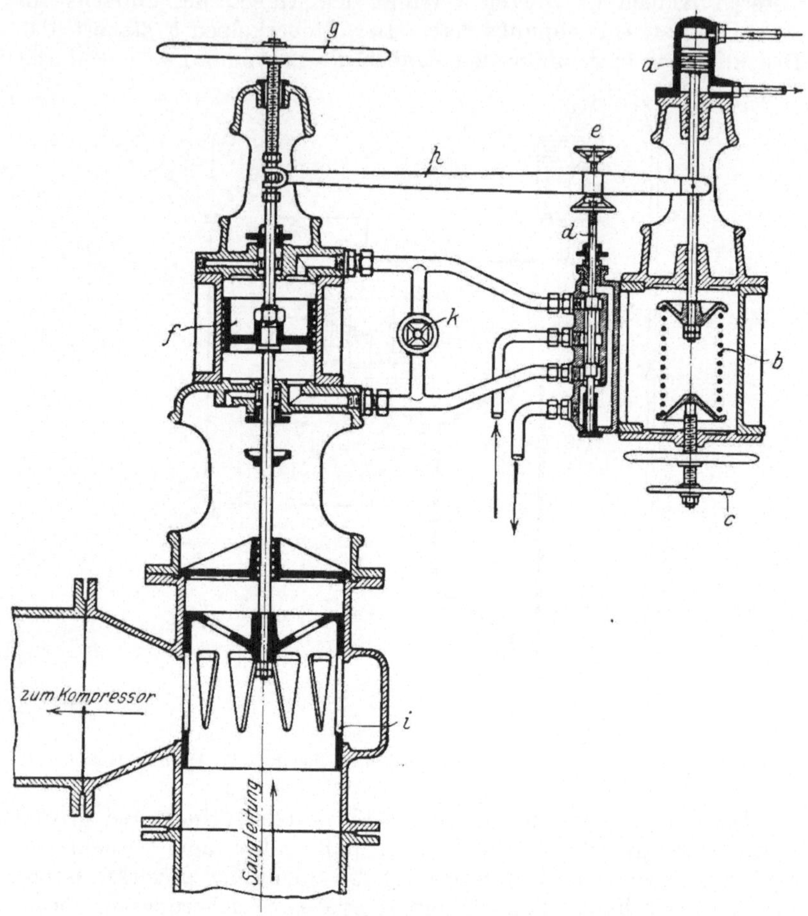

Abb. 71. Regler auf gleichbleibenden Enddruck bei unveränderlicher Drehzahl von
Jäger & Co., Leipzig.

zahl eintritt, bis der Druck wieder die normale Höhe erreicht hat.
Gleichzeitig wirkt der Geschwindigkeitsregler *a* im entgegengesetzten
Sinn derart, daß er nur so weit das Regulierventil *d* öffnen läßt, als
für die Regulierung auf gleichbleibendem Luftdruck notwendig ist.

Dampfdruckänderungen werden jedoch unabhängig vom Luftdruckregler direkt durch den Geschwindigkeitregler ausgeglichen. Bei
kleinen Leitungsnetzen wird auch neben dem Druckregler meistens
ein Geschwindigkeitsregler verwendet, damit der Druckregler bei
steigendem Luftbedarf die Turbine nicht über die höchste zulässige
Drehzahl hinaus reguliert. Der Geschwindigkeitsregler greift daher
erst in dieser oberen Grenzlage ein und hält unabhängig vom Druckregler die Drehzahl konstant. Bei niedrigen Luftdrücken ist der
Druckregler als Schwimmer ausgebildet.

Bei Antrieb des Verdichters durch einen Asynchronmotor kann
auch Drehzahlregulierung ermöglicht werden, und zwar entweder
durch Widerstandsregulierung im Rotorstromkreis oder durch einen
verlustlosen Drehzahlregelsatz. Bei Antrieb durch Synchronmotor
oder Asynchronmotor ohne Drehzahlregelung kann durch Saugdrosselung der Druck bonstant gehalten werden. In Abb. 71 ist eine
solche Regulierung von Jaeger & Co., Leipzig, dargestellt. Sie besteht in der Hauptsache aus dem Druckluftkolben a, der Regulierfeder b, dem Kraftkolben f, dem Steuerschieber d und dem Drosselventil i. Die Wirkungsweise ist aus der Abb. 71 leicht zu erkennen.
Mit dem Handrad g kann das Drosselventil verstellt werden bei Ver-
sagen der Regulierung. Stabilität der Steuerung wird durch die Rück-
führung h erreicht.

2. Regulierung auf gleichbleibenden Ansaugedruck.

Bei Gassaugern wird meistens verlangt, daß der Ansaugedruck,
der z. B. in der Vorlage hinter der Koksofenbatterie oder den Gas-
retorten herrscht, unabhängig von der Gasmenge konstant bleibt.
Dieser Forderung kann bei Dampfturbinen- oder Gleichstrommotor-
antrieb durch Drehzahländerung und bei unveränderlicher Drehzahl
durch Saugdrosselung nachgekommen werden. Abb. 72 zeigt eine
automatische Regulierung auf konstanten Ansaugedruck durch Saugdrosselung, Ausführung Brown-Boveri. In der Saugleitung ist ein
durch Drucköl betätigtes Drosselventil eingebaut, auf dessen Spindel
ein Kraftkolben befestigt ist. Der Schwimmer regelt durch ein Öl-
relais den Öldruck in der Ölleitung und damit die Stellung des Drossel-
organes so, daß der Ansaugedruck an der gewünschten Stelle, die mit
dem Schwimmer durch eine Leitung verbunden ist, unveränderlich
bleibt.

3. Regulierung auf gleichbleibendes Ansaugevolumen.

Soll statt des Druckes das Gasvolumen unverändert bleiben, so
muß in die Druckleitung ein Organ eingebaut werden, durch das ein
Druckunterschied abhängig vom Volumen hervorgerufen wird.

Durch diesen Druckunterschied wird die Drehzahl automatisch reguliert oder bei gleichbleibender Drehzahl das Saugdrosselventil

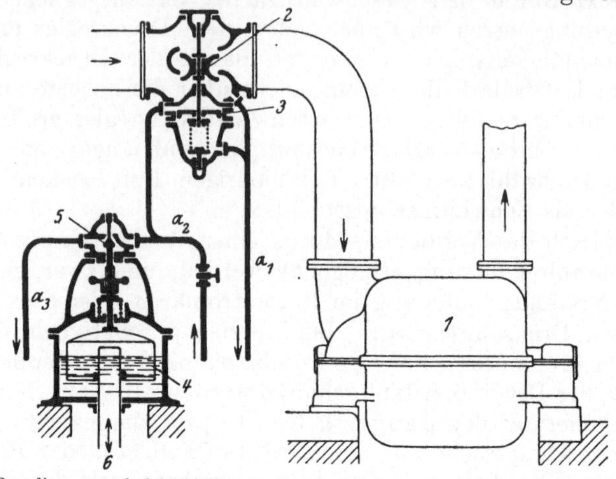

Abb. 72. Regulierung auf gleichbleibenden Ansaugedruck bei unveränderlicher Drehzahl eines Gassaugers (BBC). *1* = Gassauger; *2* = Ölbetätigtes Saugdrosselventil; *3* = Kraftkolben dazu; *4* = Schwimmer; *5* = Steuerrelais; *6* = Zur Stelle, wo der Unterdruck konstant zu halten ist; a_1, a_2, a_3 = Ölleitungen.

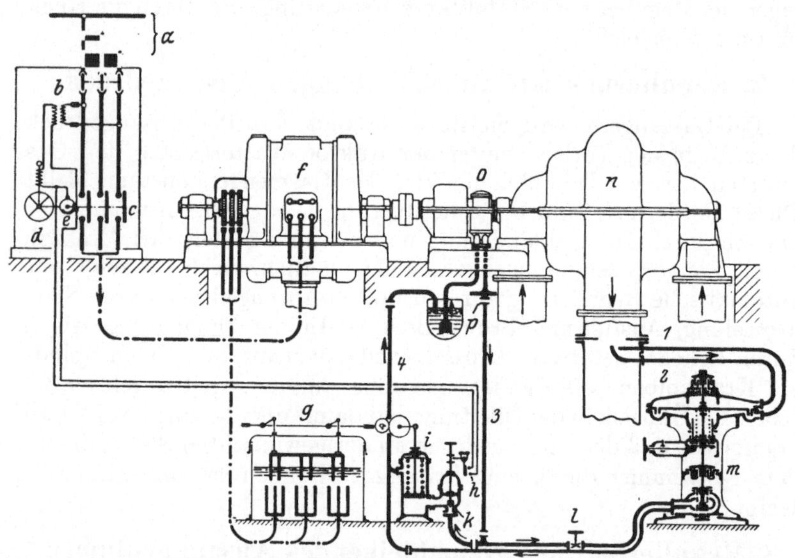

Abb. 73. Regulierung auf konstante Fördermenge für elektrischen Antrieb mit Drehzahlveränderung (BBC). *a* = Netz; *b* = Spannungstransformator; *c* = Ölschalter; *d* = Handrad; *e* = Hilfskontakt; *f* = Motor; *g* = Wasseranlasser; *h* = Verriegelungskontakt; *i* = Servomotor mit Steuerkolben; *k* = Anlaßventil; *l* = Absperrventil; *m* = Vorsteuerung; *n* = Hochofengebläse; *o* = Ölpumpe; *p* = Ölregulierventil; *1, 2* = Druckluftleitungen; *3, 4* = Ölleitungen.

oder die Leitschaufeln verstellt. Abb. 73 zeigt eine Regulierung auf konstantes Volumen, Bauart Brown-Boveri für ein Hochofengebläse. Es findet hier die in Abb. 62 dargestellte Vorsteuerung Verwendung, die in Abhängigkeit vom Volumen den Öldruck im Servomotor i reguliert. Zur Veränderung der Drehzahl dient der Wasseranlasser g, dessen Elektroden durch den Servomotor i verstellt werden und eine Änderung der Widerstände im Rotorstromkreis herbeiführen. Da bei Stillstand kein Drucköl vorhanden ist, so muß zum Anlassen das Ventil k, das mit dem Schalter c durch die Verriegelungskontakte h elektrisch verbunden ist, geschlossen werden. Bei Antrieb durch Gleichstrommotor wird statt des Wasserwiderstandes ein Magnetregulator verstellt.

XI. Kühlung des Kreiselverdichters.

1. Außen- oder Innenkühlung?

Zur Kühlung des durch die Verdichtung erhitzten Gases finden Innenkühlung und Außenkühlung Anwendung. Mit beiden Kühlverfahren läßt sich theoretisch dieselbe Kühlwirkung erzielen, und es darf daher nicht ohne weiteres die Innen- oder die Außenkühlung als die bessere Kühlung bezeichnet werden. Es wird vielmehr immer von bestimmten Umständen abhängen, ob die eine Kühlung der anderen vorzuziehen ist. Die Außenkühlung wird dort zweckmäßig sein, wo die Kühlwasserverhältnisse schlecht sind. Die Kühlung erfolgt durch außerhalb des Gehäuses angebrachte Röhrenkühler, die leicht gereinigt werden können, so daß der Wirkungsgrad des Verdichters stets erhalten bleibt. Ferner findet die Außenkühlung mit Vorteil Verwendung für große Einheiten mit mehr als ungefähr 20 000 m³/h Ansaugeleistung, da die Röhrenkühler mit beliebig großer Kühlfläche ausgeführt werden können, während man bei Innenkühlung mit der Kühlfläche, die die Gehäusewandung bietet, beschränkt ist. Die zur Kühlung von großen Luftmengen erforderliche Kühlfläche läßt sich bei Innenkühlung nur unterbringen in einem Gehäuse mit großem Durchmesser oder durch Verwendung von hohlen Umkehrschaufeln. Letztere sind jedoch nicht zweckmäßig, da sie schlecht gereinigt werden können. Bei neuzeitlichen Konstruktionen mit Innenkühlung wird besonderer Wert auf gute Reinigungsmöglichkeit der Kühlkammern und Durchwirbelung des Kühlwassers gelegt. Abb. 74 zeigt den Querschnitt durch die Kühlkammer eines AEG-Turbokompressors mit Gehäusekühlung. Durch eingegossene Rippen wird das Kühlwasser, das unten eintritt und oben abfließt, mehrfach umgeleitet und geführt. Viele Putzöffnungen geben die Möglichkeit, die Kühlräume auch mechanisch zu reinigen. Für kleine Kompressoreinheiten bis ungefähr 15000 m³/h Ansaugeleistung wird Innenkühlung meistens der Außenkühlung vorgezogen, da sich die erforderliche Kühlfläche leicht unterbringen läßt und auf die verhältnismäßig teuren Röhrenkühler verzichtet werden kann. Ferner wird der bei Durchgang der Luft durch die Kühler entstehende Druckverlust vermieden. Innenkühlung ist besonders geeignet bei elektrischem Antrieb, da eine Unterkellerung des Maschinenraumes zur Unterbringung der Außenkühler nicht erforderlich ist. Als Vorteil der Außenkühlung sei noch erwähnt, daß die in der angesaugten Luft enthaltenen Feuchtigkeit sich in den Außenkühlern ausscheidet und nicht in die Grube gelangt, da durch die Verdich-

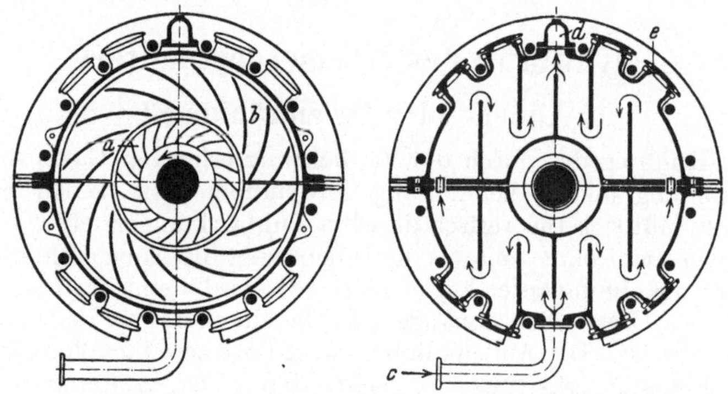

Abb. 74. Schematische Darstellung der Innenkühlung eines AEG-Turbokompressors.
a = Laufrad; b = Leitrad; c = Wasserzuflußleitung; d = Wasserabflußleitung; e = Putzlochverschluß.

tung und die anschließende Abkühlung im Kühler eine Übersättigung der Luft eintritt.

Die Außenkühler bestehen aus Messingröhren, um die außen die abzukühlende Luft strömt, während im Rohrinnern das Kühlwasser meistens im Kreuzstrom und Gegenstrom zur Luft fließt.

Abb. 75 zeigt einen Kühler für einen Brown-Boveri-Kompressor (vgl. Abb. 31). Die Messingrohre sind an ihren Enden in starke Bronzeböden eingelötet und verdornt. Die gußeisernen Seitenwände dienen zur Führung der Luft und zur Abdichtung des Kühlers gegen das Kompressorgehäuse. Die einzelnen Rohre sind gebogen, um kleineren Temperaturschwankungen in den einzelnen Wasserflüssen begegnen zu können. Zur Vermeidung von Vibrationen sind die Rohre gruppenweise mit Distanzierungsblechen verlötet. Das Wasser durchfließt den Kühler in zwölf Flüssen. In Abb. 76 ist der Querschnitt durch einen AEG-Kompressor mit Außenkühlung dargestellt. Die Luftkanäle zu und von den Kühlern sind reichlich bemessen, so daß die Druckverluste gering sind. Die unteren Wasserkammern sind mit den Rohrböden verschraubt, während die obere Wasserkammer in dem Kühlergehäuse gleiten kann, so daß die Rohre, die außerdem noch gebogen sind, sich ausdehnen können. Wie die Abbildung zeigt, kann der Kühler zwecks Reinigung aus dem Kühlergehäuse herausgezogen werden, ohne daß das Oberteil des Kompressors oder die Kühlwasseranschlüsse entfernt werden müssen. Das Wasser durchfließt den Kühler in sechs Flüssen. Die Wasserführung geschieht durch Rippen, die in die Wasserkammern eingegossen sind.

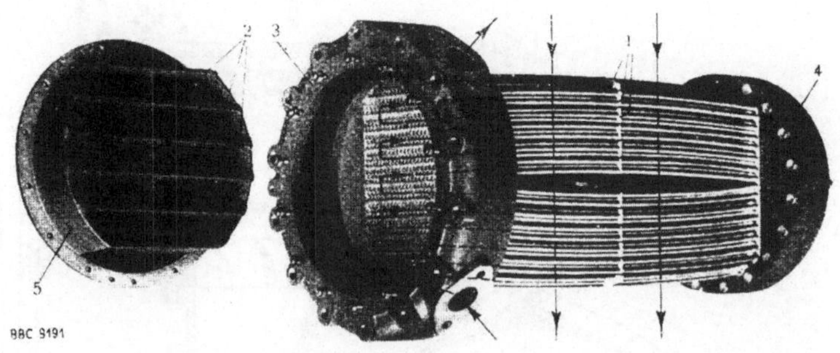

Abb. 75. BBC-Kühler. *1* = Kühlrohrbündel; *2* = Deckel zur oberen Wasserkammer; *3* = Obere Wasserkammer; *4* = Untere Wasserkammer; *5* = Stopfbüchse.

2. Berechnung des Zwischenkühlers.

Der Kühler ist so zu bemessen, daß bei kleinstem Druckabfall, den die Luft bei Durchströmung des Kühlers erfährt, eine möglichst niedrige Kühltemperatur erreicht wird. Mit Rücksicht auf die Anlagekosten sind natürlich die Kühlflächengrößen so klein wie möglich zu machen.

Für den Wärmeaustausch in dem Kühler gelten folgende Gleichungen

$$Q = G_G \cdot c_{pmG} \cdot \varDelta_G \tag{56}$$

$$Q = W \cdot c_{pmw} \cdot \varDelta_w \tag{57}$$

$$Q = F \cdot k \cdot \varDelta_m \tag{58}$$

$$\varDelta_m = \frac{\varDelta_1 - \varDelta_2}{\ln \dfrac{\varDelta_1}{\varDelta_2}}. \tag{59}$$

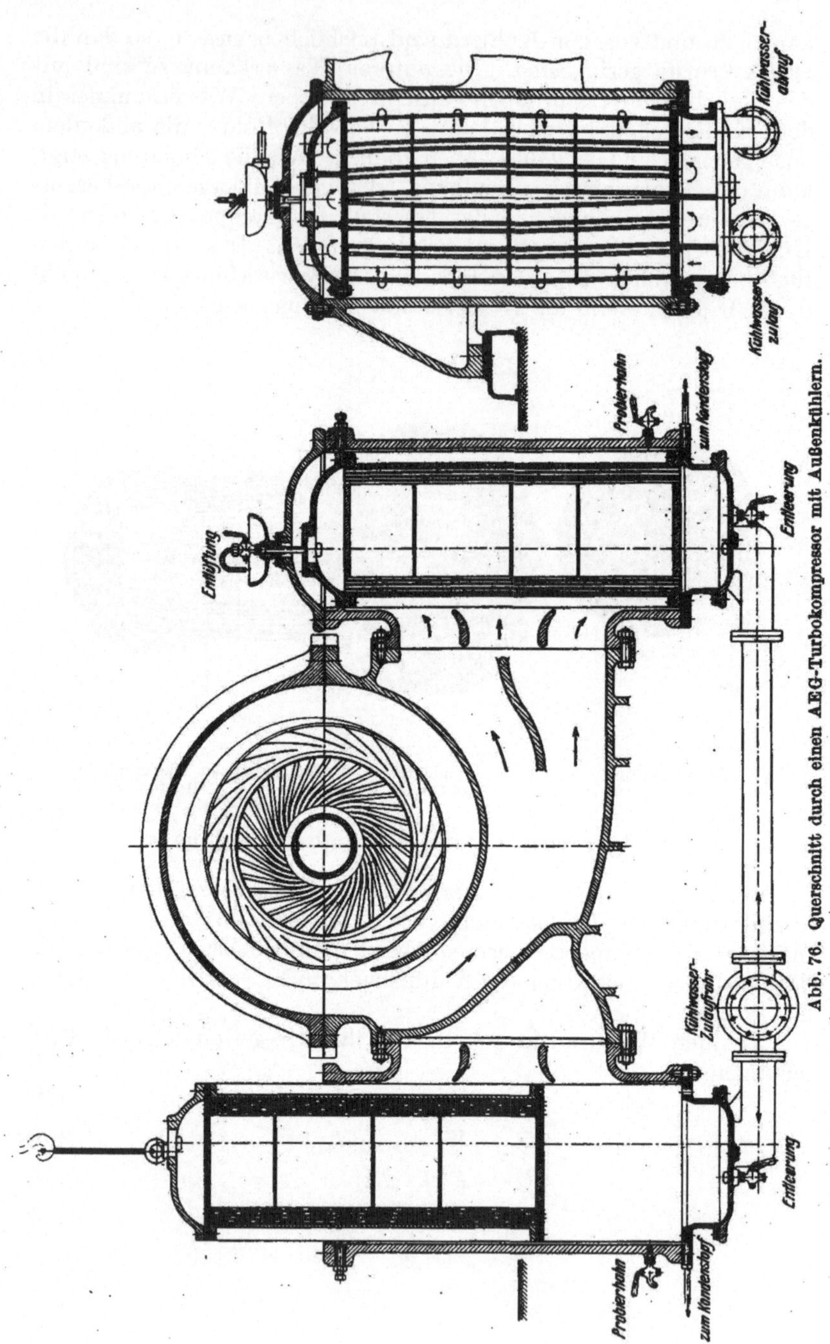

Abb. 76. Querschnitt durch einen AEG-Turbokompressor mit Außenkühlern.

Es bedeuten:

Q = ausgetauschte Wärmemenge $\left[\dfrac{\text{kcal}}{\text{h}}\right]$

G_G = Gasgewicht $\left[\dfrac{\text{kg}}{\text{h}}\right]$

c_{pmG} = mittlere spezifische Wärme des Gases $\left[\dfrac{\text{kcal}}{\text{kg °C}}\right]$ für Luft $= 0{,}241$

$\varDelta_G$ = $t_{G_e} - t_{G_a}$ = Temperaturunterschied zwischen Gaseintritt und Gasaustritt [° C]

W = Kühlwassergewicht $\left[\dfrac{\text{kg}}{\text{h}}\right]$

c_{pmw} = mittlere spezifische Wärme des Wassers $= 1 \left[\dfrac{\text{kcal}}{\text{kg °C}}\right]$

$\varDelta_w$ = $t_{wa} - t_{we}$ = Temperaturunterschied zwischen Warmwasser und Kaltwasser [° C]

F = durch Gas berührte Kühlfläche [m²]

k = Wärmedurchgangszahl $\left[\dfrac{\text{kcal}}{\text{m²h °C}}\right]$

$\varDelta_m$ = mittlerer Temperaturunterschied zwischen Gas und Wasser [° C]

$\varDelta_1$ = Temperaturunterschied zwischen dem warmen Gas und dem warmen Wasser [° C]

$\varDelta_2$ = Temperaturunterschied zwischen dem kalten Gas und dem kalten Wasser [° C].

Abb. 77 zeigt eine schematische Darstellung des Temperaturverlaufs über der Kühlfläche.

Zur Übertragung einer bestimmten Wärmemenge Q durch möglichst kleine Kühlfläche sind nach Gleichung 58 $\varDelta_m$ und k groß zu wählen. Die mittlere Temperaturdifferenz $\varDelta_m$ ist durch die Eintrittstemperaturen des Gases und des Kühlwassers ziemlich festgelegt. Eine Abkühlung des Gases bis auf die Kühlwassereintrittstemperatur wäre nur bei unendlich großer Kühlfläche denkbar. Es muß deshalb ein Temperaturunterschied $\varDelta_2$ von ungefähr 10° C zugelassen werden. Für das Kühlwasser wird mit einer

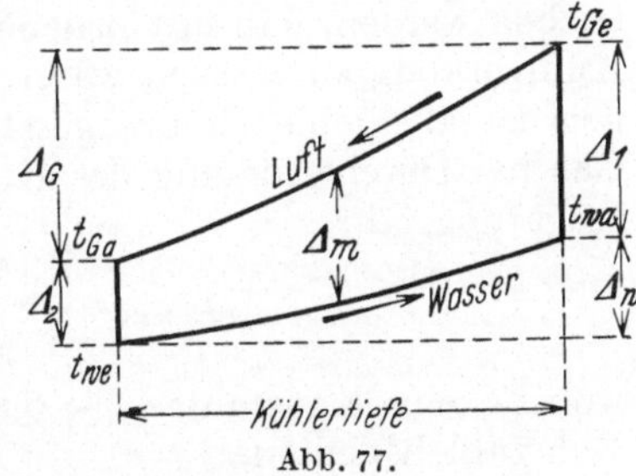

Abb. 77.

Erwärmung von 10° C gerechnet. Mit dieser Temperaturerhöhung ergibt sich eine günstige Kühlwassermenge, denn die Wassergeschwindigkeit muß so gewählt werden, daß der Wasserwiderstand nicht zu hoch wird. Mit Rücksicht auf den Schlammabsatz darf aber auch die Geschwindigkeit nicht zu klein sein ($c \sim 0{,}5 \div 1$ m/sec).

Für die Berechnung der Wärmedurchgangszahl k können die Versuche von Reiher[1] zugrunde gelegt werden. Für die dünnwandigen Messingrohre ist

$$k = \frac{1}{\dfrac{1}{\alpha_1} + \dfrac{\delta}{\lambda} + \dfrac{1}{\alpha_2}} = \smile \alpha_1 \, .$$

Reiher gibt zur Berechnung der Wärmeübergangszahl α_1 für ein Röhrenbündel mit versetzten Rohren und mehr als zehn hintereinandergeschalteten Rohrreihen in Richtung des Gasstromes die Formel an

$$\alpha_1 = 0{,}135 \, \frac{\lambda_m}{d} \left(\frac{w_m \cdot d \cdot \varrho_m}{\mu_m} \right)^{0,69} \left[\frac{\text{kcal}}{\text{m}^2 \, \text{h} \, {}^0\text{C}} \right] . \tag{60}$$

λ_m = Wärmeleitzahl des Gases bei der mittleren Gastemperatur $\dfrac{t_{Ge} + t_{Ga}}{2} = t_{G_m} \left[\dfrac{\text{kcal}}{\text{m} \, \text{h} \, {}^0\text{C}} \right]$

d = äußerer Rohrdurchmesser [m]

w_m = mittlere Gasgeschwindigkeit $\left[\dfrac{\text{m}}{\text{sec}} \right]$

ϱ_m = Massendichte des Gases = $\dfrac{\gamma_m}{g} \left[\dfrac{\text{kgsec}^2}{\text{m}^4} \right]$

μ_m = Zähigkeit des Gases bei der mittleren Gastemperatur t_{G_m} $\left[\dfrac{\text{kgsec}}{\text{m}^2} \right]$.

α ist somit in erster Linie abhängig von der Gasgeschwindigkeit, dem mittleren spezifischen Gewicht des Gases und dem Rohrdurchmesser. Durch Verwendung sehr kleiner Rohrdurchmesser und Steigerung der Geschwindigkeit könnte k theoretisch so hoch getrieben werden, daß mit beliebig kleiner Kühlfläche die gewünschte Kühlwirkung zu erzielen wäre. Der Erhöhung der Gasgeschwindigkeit ist aber eine Grenze gesetzt durch den Druckabfall, den das Gas bei Durchströmung des Kühlers erleidet. Der Druckabfall beträgt ungefähr

$$\Delta P = C \cdot \frac{w_m^{1,8}}{2 \cdot g} \cdot \gamma_m \cdot z \ [\text{mm WS}], \tag{61}$$

wobei C eine Konstante = $\sim 0{,}8$ und z die hintereinandergeschaltete Rohrzahl bedeuten.

Druckabfall und Wärmeübergangszahl sind somit von den gleichen Faktoren abhängig und wirken einander entgegen. Es muß daher der freie Durchtrittsquerschnitt im Kühler für das Gas so be-

---

[1] Reiher, H.: Wärmeübergang von strömender Luft an Rohre und Röhrenbündel in Kreuzstrom. Forschungsarbeit 269.

messen werden, daß die Verluste infolge Druckabfall und unvollkommener Kühlung am kleinsten sind.

Mit Rücksicht auf den Druckabfall wäre es vorteilhaft, z klein zu machen, also möglichst wenig Rohrreihen in Strömungsrichtung des Gases hintereinander zu schalten. Eine Verminderung der Rohrreihen bedingt aber eine Vermehrung der Rohrzahl je Reihe und damit eine Vermehrung der parallel geschalteten Spalten zum Durchtritt des Gases. Der Spalt müßte also sehr klein gemacht werden, wenn die günstigste Gasgeschwindigkeit erreicht werden soll. Der Verkleinerung des Spaltes ist aber durch die Verstopfungsgefahr eine Grenze gesetzt. Im allgemeinen wird die Rohranordnung so gewählt, daß der Querschnitt des Rohrbündels ungefähr quadratische Form erhält.

XII. Berechnung der ersten Stufengruppe und des Zwischenkühlers eines Turbokompressors.

Beispiel: Es sind die erste Stufengruppe und der Zwischenkühler eines Turbokompressors zu berechnen. Die Ansaugeleistung beträgt 24000 m³/h Luft bei 15⁰ C, der Ansaugedruck ist 0,98 Atm. Der Enddruck nach den ersten drei Stufen soll 1,92 Atm betragen.

Es werden folgende Annahmen gemacht:

$\eta_{\text{pol}} = 0,72$ und $\mu = 0,5$ (nach Versuchen ausgeführter Kompressoren für $\delta_m = 0,163$).

Laufschaufelwinkel am Austritt $\beta_2 = 40^0$.

Laufschaufelzahl $z_1 = 25$.

$$c_0 = c_{1_o} = 55 \frac{\text{m}}{\text{sec}}$$

$$c_{r_2} = 40 \frac{\text{m}}{\text{sec}}.$$

Es ist nach der Kurventafel Abb. 18 für 1 m³ Ansaugevolumen, 1 Atm Ansaugedruck und $\eta_{\text{pol}} = 0,72$

$$L_{\text{pol}} = 7650,$$

also für $P_1 = 0,98$ atm $L_{\text{pol}} = 0.98 \cdot 7650 = 7500\,\text{mkg/m}^3$.

$$\gamma_1 = \frac{9800}{29,26 \cdot 288} = 1,16 \frac{\text{kg}}{\text{m}^3},$$

somit $\qquad H_{\text{eff}} = \frac{L_{\text{pol}}}{\gamma_1} = \frac{7500}{1,16} = 6450\,\text{m}.$

Nach Gleichung 36 ist $u_2 = \sqrt{\dfrac{6450 \cdot 9{,}81}{0{,}5 \cdot 3}} = 205 \dfrac{\mathrm{m}}{\mathrm{sec}}$.

$$\boldsymbol{D_2 = 800\,mm}\ \text{angenommen}.$$

$$n = \frac{205 \cdot 60}{\pi \cdot 0{,}8} = 4900\,\frac{U}{\min}\,.$$

Mit $u_2 = 205\,\dfrac{\mathrm{m}}{\mathrm{sec}}$, $c_{r_2} = 40\,\dfrac{\mathrm{m}}{\mathrm{sec}}$ und $\beta_2 = 40^0$ kann das Austritts-dreieck entworfen werden. Es ist $c_{2u} = 157{,}3\,\dfrac{\mathrm{m}}{\mathrm{sec}}$; $w_2 = 62{,}2\,\dfrac{\mathrm{m}}{\mathrm{sec}}$; $\alpha_2 = 14^0\,15'$; $c_2 = 163\,\dfrac{\mathrm{m}}{\mathrm{sec}}$.

Es werden der Wellendurchmesser $d_w = 180\,\mathrm{mm}$ und der Naben-durchmesser $d_n = 210\,\mathrm{mm}$ angenommen.

$$F_0 = \frac{\pi}{4}\,(D_0^2 - d_n^2) = \frac{V_{\mathrm{sec}}}{c_0} = \frac{24000}{3600 \cdot 55} = 0{,}1213\,\mathrm{m}^2$$

$$D_0 = \sqrt{\frac{F_0 \cdot 4}{\pi} + d_n^2} = \sqrt{\frac{0{,}1213 \cdot 4}{\pi} + 0{,}21^2} = 0{,}445\,\mathrm{m}$$

$$\boldsymbol{D_0 = D_1 = 445\,mm}$$

$$\varphi = \frac{\operatorname{tg}\beta_2}{\operatorname{tg}\beta_2 + \operatorname{tg}\alpha_2} = 0{,}767$$

$$\varepsilon = \frac{1}{1 + 2\,\dfrac{2}{z_1}\,\dfrac{\sin\beta_2}{1 - \left(\dfrac{D_1}{D_2}\right)^2}} = \frac{1}{1 + 2\,\dfrac{2}{25}\,\dfrac{0{,}642}{1 - \left(\dfrac{445}{800}\right)^2}} = 0{,}87$$

$$H_{\mathrm{theor}\,\infty} = \frac{1}{g}\,u_2\,c_{2u} \cdot x = \frac{205 \cdot 157{,}3 \cdot 3}{9{,}81} = 9860\,\mathrm{m}$$

$$H_{\mathrm{theor}} = \varepsilon \cdot H_{\mathrm{theor}\,\infty} = 0{,}87 \cdot 9860 = 8580\,\mathrm{m}$$

$$\eta_u = \frac{H_{\mathrm{eff}}}{H_{\mathrm{theor}}} = \frac{6450}{8580} = 0{,}75.$$

Die angenommene Druckhöhenziffer $\mu = 0{,}5$ muß gleich dem Produkt $\varphi \cdot \varepsilon \cdot \eta_u = 0{,}767 \cdot 0{,}87 \cdot 0{,}75$ sein.

$$u_1 = \frac{\pi \cdot D_1 \cdot n}{60} = \frac{\pi \cdot 0{,}445 \cdot 4900}{60} = 114\,\frac{\mathrm{m}}{\mathrm{sec}}\,.$$

Nach Gleichung 24 ist

$$\eta_{\mathrm{pol}} = \frac{m\,(k - 1)}{k\,(m - 1)}\,;$$

mit $\eta_{\mathrm{pol}} = 0{,}72$ ist $m = 1{,}65$.

Die Endtemperatur nach der Verdichtung wird somit

$$T_2 = T_1 \left(\frac{P_2}{P_1}\right)^{\frac{m-1}{m}} = 288 \left(\frac{1{,}92}{0{,}98}\right)^{\frac{0{,}65}{1{,}65}} = 377^0\,\mathrm{abs}\;;\quad t_2 = 104^0\,\mathrm{C}\,.$$

Die Verdichtungspolytrope wird in das Entropiediagramm (Abb. 3) eingetragen. Die Polytrope wird in drei gleiche Teile geteilt, und man erhält als Enddruck hinter der ersten Stufe $P = 1{,}25$ Atm und nach der zweiten Stufe $P = 1{,}57$ Atm.

Das mittlere spezifische Gewicht zwischen Anfangs- und Endzustand ist $\gamma_m = 1{,}447\ \frac{\mathrm{kg}}{\mathrm{m}^3}$ und die mittlere Belastungsziffer

$$\delta_m = \frac{24000 \cdot 1{,}161}{3600 \cdot 1{,}447 \cdot 205 \cdot 0{,}4^2} = 0{,}163$$

$$G_{\mathrm{sec}} = \frac{24000 \cdot 1{,}161}{3600} = 7{,}75\ \frac{\mathrm{kg}}{\mathrm{sec}}$$

Die theoretische Förderhöhe bei endlicher Schaufelzahl ist $H_{\mathrm{theor}} = 8580$, somit

$$c'_{2\,u} = \frac{H_{\mathrm{theor}} \cdot g}{u_2 \cdot x} = \frac{8580 \cdot 9{,}81}{205 \cdot 3} = 137\ \frac{\mathrm{m}}{\mathrm{sec}}\ .$$

Das wirkliche Austrittsdreieck kann gezeichnet werden und man erhält $\qquad \alpha'_2 = 16^0\,20'$ und $c'_2 = 142\ \frac{\mathrm{m}}{\mathrm{sec}}$.

Berechnung der Scheibenreibung.
Nach Gleichung 40 ist

$$N_r = 1{,}55 \cdot \gamma_m \cdot D_2^2 \cdot u_2^3 \cdot x \cdot 10^{-6}\ \mathrm{PS}$$

und $\qquad\qquad H_r = \frac{N_r \cdot 75}{G_{\mathrm{sec}}}$ m - Gassäule

$$H_r = \frac{1{,}55 \cdot 1{,}447 \cdot 0{,}8^2 \cdot 205^3 \cdot 3 \cdot 75}{7{,}75 \cdot 10^6} = 360\ \mathrm{m}.$$

Nach Gleichung 41 wird

$$H_r = \frac{0{,}32}{\delta_m \cdot \mu} = \frac{0{,}32}{0{,}163 \cdot 0{,}5} = 3{,}93\ \mathrm{vH}\ \text{von}\ H_{\mathrm{theor}}$$

$$H_r = 0{,}0393 \cdot 8580 = 337\ \mathrm{m}.$$

Mit letzterem Wert wird weiter gerechnet.
Berechnung des Stopfbüchsenverlustes.
Nach Gleichung 42 ist

$$G_{\mathrm{st}} = \pi \cdot s\,(D_{s_1} + D_{s_2}) \cdot \gamma_m \cdot u_2 \sqrt{\frac{\mu}{x}}$$

$$= \pi \cdot 0{,}0005\,(0{,}525 + 0{,}2)\,1{,}447 \cdot 205 \sqrt{\frac{0{,}5}{5}}$$

$$= 0{,}1069\ \frac{\mathrm{kg}}{\mathrm{sec}}\ .$$

Der Durchmesser der Radstopfbüchse ist $D_{s_1} = 0{,}525$ m und der Durchmesser der Wellenstopfbüchse $D_{s_2} = 0{,}2$ m angenommen. Beide Stopfbüchsen haben je 5 Labyrinthe.

$$H_{\mathrm{st}} = \frac{G_{\mathrm{st}} \cdot H_{\mathrm{theor}}}{G_{\mathrm{sec}}} = \frac{0{,}1069 \cdot 8580}{7{,}75} = 118{,}5 \text{ m.}$$

Es wird somit

$$\eta_{\mathrm{pol}} = \frac{H_{\mathrm{eff}}}{H_{\mathrm{theor}} + H_r + H_{\mathrm{st}}} = \frac{6450}{8580 + 337 + 118{,}5} = 0{,}714.$$

Der angenommene Wirkungsgrad $\eta_{\mathrm{pol}} = 0{,}72$ stimmt somit genügend genau mit dem berechneten Wirkungsgrad überein.

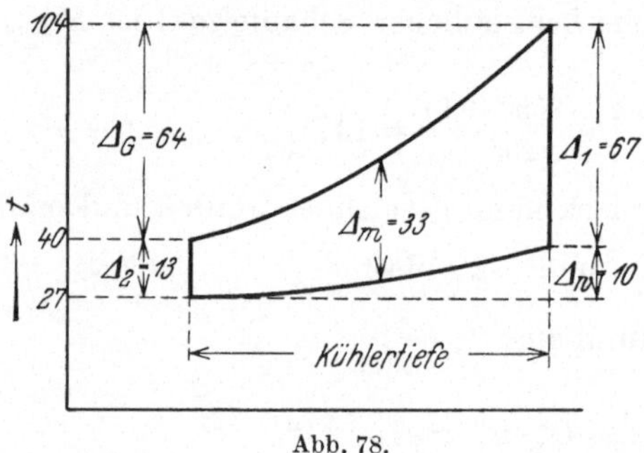

Abb. 78.

Berechnung der Zwischenkühlung.

Gegeben sind die Lufteintrittstemperatur $t_{G_e} = 104\,^0\mathrm{C}$ und die Kühlwassereintrittstemperatur $t_{w_e} = 27\,^0\mathrm{C}$. Die Luft soll im Kühler auf $t_{G_a} = 40\,^0\mathrm{C}$ abgekühlt werden. Für das Kühlwasser wird eine Temperaturerhöhung von 10^0 C zugelassen. Der Temperaturverlauf im Kühler ist in Abb. 78 dargestellt. Nach Gleichung 56 ist

$$Q = G_G \cdot c_{p\,m_G} \cdot \Delta_G = 7{,}75 \cdot 3600 \cdot 0{,}241 \cdot 64 = 430\,000\ \frac{\mathrm{kcal}}{\mathrm{h}}$$

und nach Gleichung 57 ist die erforderliche Kühlwassermenge

$$W = \frac{Q}{\Delta w} = \frac{430\,000}{10} = 43\,000\ \frac{\mathrm{kg}}{\mathrm{h}}\ .$$

Die mittlere Temperaturdifferenz Δ_m kann nach Gleichung 59 berechnet werden

$$\Delta_m = \frac{\Delta_1 - \Delta_2}{\ln \dfrac{\Delta_1}{\Delta_2}} = \frac{67 - 13}{\ln \dfrac{67}{13}} = 33^0\ \mathrm{C}$$

Zur Berechnung der Wärmeübergangszahl α_1 nach Gleichung 60 werden ein Rohrdurchmesser von 20 mm und eine mittlere Luftgeschwindigkeit im Kühler $w_m = 15\ \dfrac{\mathrm{m}}{\mathrm{sec}}$ angenommen. Die Wärmeleitzahl der Luft bei der mittleren Temperatur im Kühler $t_m = 72^0$ C ist $\lambda_m = 0,025$, die Massendichte der Luft ist $\varrho_m = 0,194$ und die Zähigkeit ist $\mu_m = 2,06 \cdot 10^{-6}$. Mit diesen Werten wird

$$\alpha_1 = 0,135 \frac{0,025}{0,02} \left(\frac{15 \cdot 0,02 \cdot 0,194}{2,06 \cdot 10^{-6}} \right)^{0,69} = 198$$

und die Kühlfläche nach Gleichung 58

$$F = \frac{Q}{k \cdot \Delta_m} = \frac{430\,000}{198 \cdot 33} = 65,6 \text{ m}^2 .$$

Diese Kühlfläche wird auf zwei parallel geschaltete Kühler verteilt, so daß jeder Kühler eine Kühlfläche

$$F = \frac{65,6}{2} = 32,8 \text{ m}^2 \text{ erhält}.$$

Die Rohrlänge l sei 1,25 m. Werden nun x Rohre nebeneinander und y Rohre in Richtung des Gasstromes hintereinander geschaltet, so ist die Rohrzahl je Kühler $i = x \cdot y$. Es besteht die Gleichung

$$F = \pi \cdot d \cdot l \cdot i .$$

Jeder Kühler erhält

$$i = \frac{32,8}{\pi \cdot 0,02 \cdot 1,25} = 417 \text{ Rohre}.$$

Es werden 21 Rohre nebeneinander und 20 Rohre hintereinander geschaltet.

Das mittlere Luftvolumen im Kühler ist

$$V_m = \frac{G_{\text{sec}} \cdot R \cdot T_m}{P} = \frac{7,75 \cdot 29,26 \cdot 345}{19\,200} = 4,09 \frac{\text{m}^3}{\text{sec}} .$$

Die mittlere freie Fläche für den Durchtritt der Luft muß daher bei der angenommenen Luftgeschwindigkeit $w_m = 15 \frac{\text{m}}{\text{sec}}$

$$f = \frac{V_m}{W_m} = \frac{4,09}{2 \cdot 15} = 0,136 \text{ m}^2 \text{ je Kühler sein},$$

und bei 22 Luftspalten wird ein Luftspalt

$$s = \frac{f}{22 \cdot l} = \frac{0,136}{22 \cdot 1,25} = 0,00495 = 4,95 \text{ mm}.$$

Ausgeführt wird der Luftspalt $s = 5 \text{ mm}$.

Wird nun angenommen, daß das Wasser das Rohrbündel in acht Flüssen durchfließt, so entfallen 52 Rohre je Fluß, und es ergibt sich eine Wassergeschwindigkeit

$$52 \cdot \frac{\pi \cdot d'^2}{4} \cdot c = \frac{W}{3600} \frac{\text{m}^3}{\text{sec}}$$

$$c = \frac{43 \cdot 4}{3600 \cdot 52 \cdot \pi \cdot 0,017^2} = 1,01 \frac{\text{m}}{\text{sec}}$$

($d' = $ lichte Weite des Rohres $= 17$ mm).

XIII. Ausführung der Kreiselverdichter.

1. Turbokompressoren.

In Bergwerken und Werften finden Turbokompressoren Aufstellung zur Beschaffung von Druckluft für Preßluftwerkzeuge und Preßluftmotoren. Die Preßlufthämmer arbeiten meistens mit einem Druck von 7 bis 8 Atm. Die Anwendung höherer Drücke ist nicht zu empfehlen, da die Apparate sonst nicht mehr ruhig arbeiten und auch die Gefahr der Eisbildung besteht, wenn bei der Expansion der Luft der Gefrierpunkt erreicht wird. Die angegebenen Drücke werden im allgemeinen mit 10 bis 11 Kompressorstufen, die alle in einem Gehäuse untergebracht werden können, erreicht. Aus den in Abschnitt III, 11 besprochenen Gründen werden auch Mehrgehäusemaschinen, vor allem bei kleinen Ansaugeleistungen, gebaut, doch ist deren Stufenzahl um 3 bis 4 Stufen vergrößert (vgl. Abb. 31). Um den an eine hohe Drehzahl gebundenen Turbokompressor auch für elektrischen Antrieb verwenden zu können, wird besonders bei kleinen Kompressoren zwischen Motor und Kompressor ein Zahnradvorgelege geschaltet. Es kann hierdurch die für den Motor und für den Kompressor günstigste Drehzahl gewählt werden. Die Dampfturbine, die als sog. Schnelläufertype ausgebildet wird, kann direkt mit dem Kompressor gekuppelt werden. Steht Abdampf von Fördermaschinen, Walzenzugmaschinen, Dampfhämmern usw. zur Verfügung, so ist eine Zweidruckturbine die wirtschaftlichste Antriebsmaschine. Wie im Turbinenbau war man auch in den letzten Jahren im Kompressorbau bestrebt, immer größere Kompressoreinheiten zu bauen und wurden Turbokompressoren für eine Ansaugleistung von über 100000 m^3/h gebaut. Für Leistungen unter 7000 m^3/h ist der Kolbenkompressor vorzuziehen. Abb. 79a zeigt den Schnitt durch einen Turbokompressor mit Gehäusekühlung der Gutehoffnungshütte für eine Ansaugeleistung von 40000 bis 47000 m^3/h. Das Gehäuse ist aus einzelnen, gußeisernen Ringkörpern zusammengesetzt, die durch Längsanker mit dem Saug- und Druckdeckel verbunden sind. Der Gehäusedurchmesser ist verhältnismäßig groß gewählt, so daß eine genügend große Kühlfläche zur Wärmeableitung zur Verfügung steht. Der Axialschub des Läufers wird durch einen Entlastungskolben aufgehoben. Ein Drucklager dient lediglich zur Einstellung des Läufers in der Achsrichtung. Die Abdichtung der Zwischenwände und des Entlastungskolbens erfolgt durch Labyrinthe. Die Diffusoren sind

nicht beschaufelt. Das Kühlwasser tritt unten in das Gehäuse
ein und durchfließt die einzelnen Radkammern, wobei auf gute

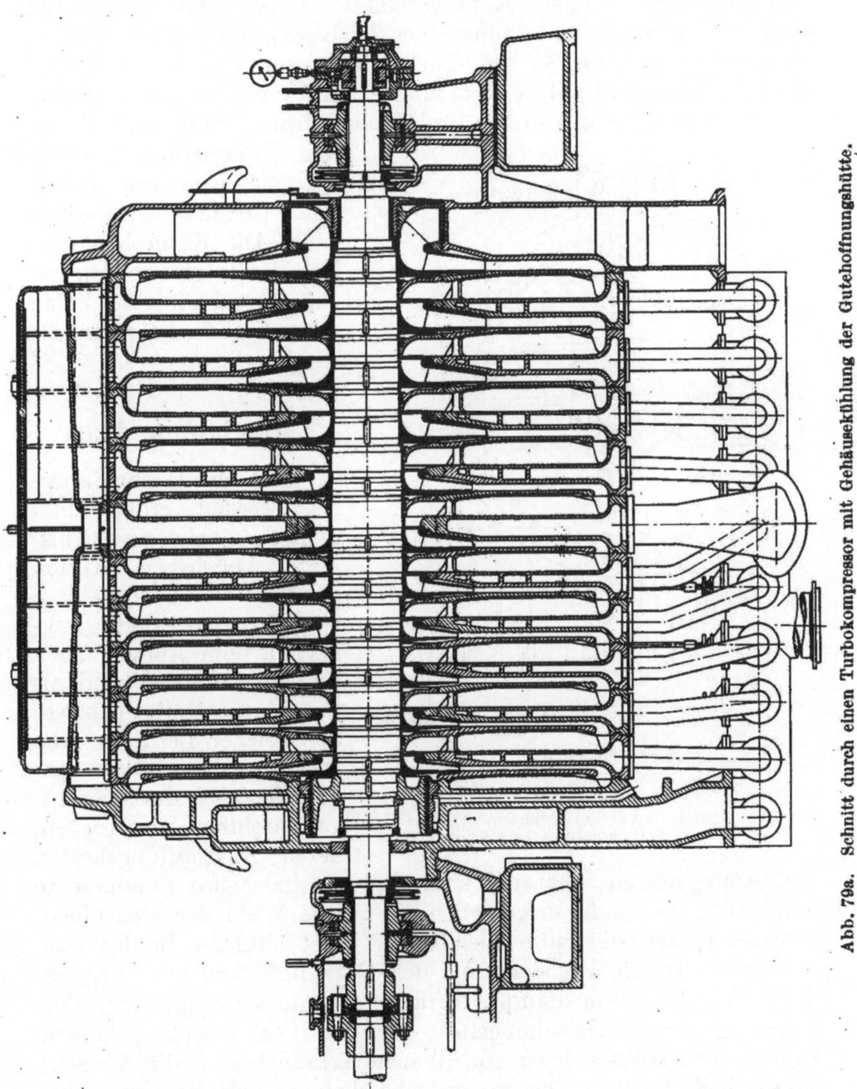

Abb. 79a. Schnitt durch einen Turbokompressor mit Gehäusekühlung der Gutehoffnungshütte.

Wasserführung durch eingegossene Rippen besonderer Wert gelegt ist. Die Rippen vergrößern auch die Kühlfläche. Aus

Abb. 79 b ist die Wasserführung in der Wasserkammer ersichtlich. Durch viele Reinigungsöffnungen sind die einzelnen Wasserzellen zugänglich und können leicht gereinigt werden. Als Beispiel für die konstruktive Durchbildung eines Turbokompressors mit Außenkühlung ist in Abb. 80 ein Turbokompressor von Jaeger & Co., Leipzig, dargestellt. Die Radstufen sind in vier Gruppen unterteilt. Nach jeder der ersten drei Stufengruppen wird die Luft zu den Röhrenkühlern geleitet, die paarweise neben dem Gehäuse angeordnet sind. Die Kühlrohrbündel haben alle gleiche Abmessungen und können beliebig untereinander ausgetauscht werden.

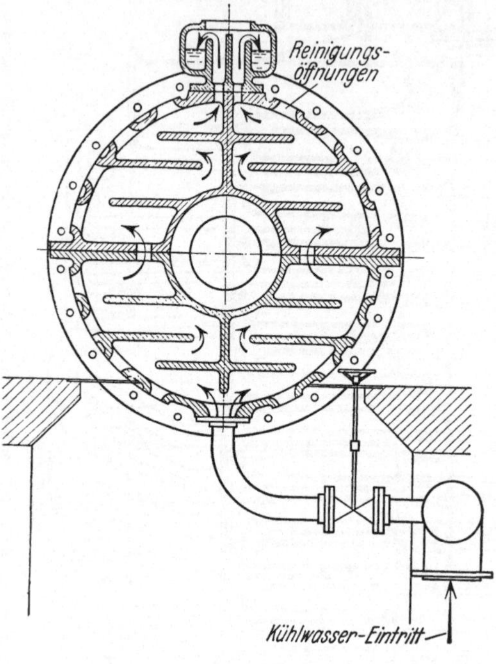

Abb. 79b. Schnitt durch ein Kühlelement des GHH-Turbokompressors.

2. Hochofengebläse.

Für den Hochofenprozeß werden große Luftmengen bei verhältnismäßig niedrigem Druck benötigt. Das Turbogebläse ist daher besonders geeignet, da seine Abmessungen sehr viel kleiner sind als die eines Kolbengebläses der gleichen Leistung. Die Kolbengebläse werden fast ausschließlich durch Gichtgasmaschinen angetrieben, deren Anschaffungskosten und Abmessungen sehr groß sind. Ferner sind teure Fundamente und große Gebäude erforderlich. Für die Wahl des Gaskolbengebläses sprach die gute Ausnützung des Gichtgases in der Gasmaschine. Durch Verbesserung der Dampfkraftanlagen (Verwendung von Hochdruckdampf, Anzapfspeisewasservorwärmung, Vorwärmung der Verbrennungsluft usw.) ist es jedoch gelungen, Dampfturbogebläseanlagen im Wärmeverbrauch auf die Verdichtungsarbeit bezogen ebenso wirtschaftlich zu gestalten wie Gaskolbengebläse[1]. Weiter spricht die Zunahme der Tagesleistung der

---

[1] Stahl und Eisen, **50**, H. 25.

Hochöfen und der damit steigende Luftbedarf für die Wahl von Turbogebläsen. Die Leistung der Hochöfen ist bereits bis 750 t und in Einzelfällen sogar bis 1000 t im Tage angewachsen. Der Windbedarf solcher Hochöfen ist so groß, daß zum Antrieb des Gebläses ungefähr

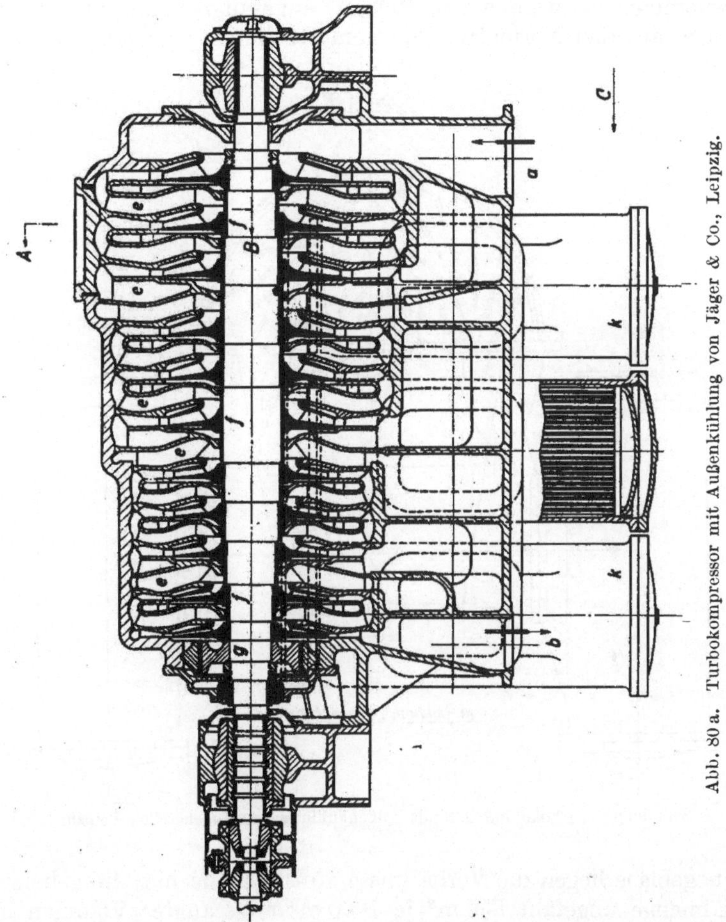

Abb. 80 a. Turbokompressor mit Außenkühlung von Jäger & Co., Leipzig.

8500 kW erforderlich sind. Gasmaschinen können aber nur bis zu einer Leistung von ungefähr 4000 kW gebaut werden. Ferner muß berücksichtigt werden, daß der Wirkungsgrad des Gaskolbengebläses infolge undicht werdender Kolben und Ventile allmählich abnimmt. Durch diese Undichtheiten können bis zu 15 vH der komprimierten Luft verloren gehen. Dazu kommen noch 10 vH Verluste in der Rohrleitung, so daß nur ca. 75 vH der verdichteten Luft am Hochofen vorhanden ist. Wird schließlich noch berücksichtigt, daß die angesaugte Luft im Ansaugeraum sich bereits um ungefähr 15^0 erwärmt hat und wird ein volumetrischer Wirkungsgrad $\eta_v = 0,95$ angenommen, so werden von 1000 m³ angesaugter Luft nur 600 m³ bezogen auf den Normalzustand zum Hochofen gelangen. Bei dem

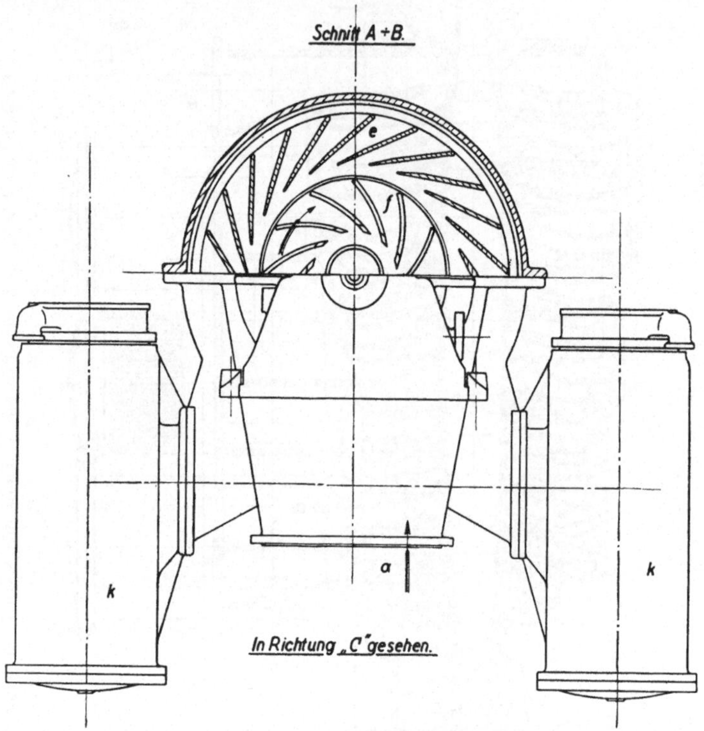

Abb. 80 b. Turbokompressor mit Außenkühlung von Jäger & Co., Leipzig.

Turbogebläse liegen die Verhältnisse günstiger, da hier die gelieferte Windmenge ungefähr 830 m³ je 1000 m³ angesaugtes Volumen beträgt. Es ist daher erklärlich, daß der Wärmeverbrauch, auf die Verdichtungsarbeit bezogen, für Dampfturbogebläse und Gaskolbengebläse ungefähr gleich ist. Abb. 81 zeigt den Längsschnitt durch ein Hochofengebläse Bauart Brown, Boveri. Das Gebläse ist für eine normale Ansaugeleistung von 2500 m³/min bei 1,5 Atm Enddruck gebaut. Die Antriebsleistung beträgt 6000 kW, die Drehzahl ist 2650 U/min. Das Gehäuse ist aus Zylinderguß hergestellt und nur in

der horizontalen Ebene geteilt. Den inneren Aufbau läßt auch
Abb. 82 erkennen. Das Gebläse ist wegen der großen Luftmenge als
Doppelgebläse mit zweiseitigem Lufteintritt ausgeführt. Da der Luft-
druck verhältnismäßig niedrig und daher die Volumenverkleinerung

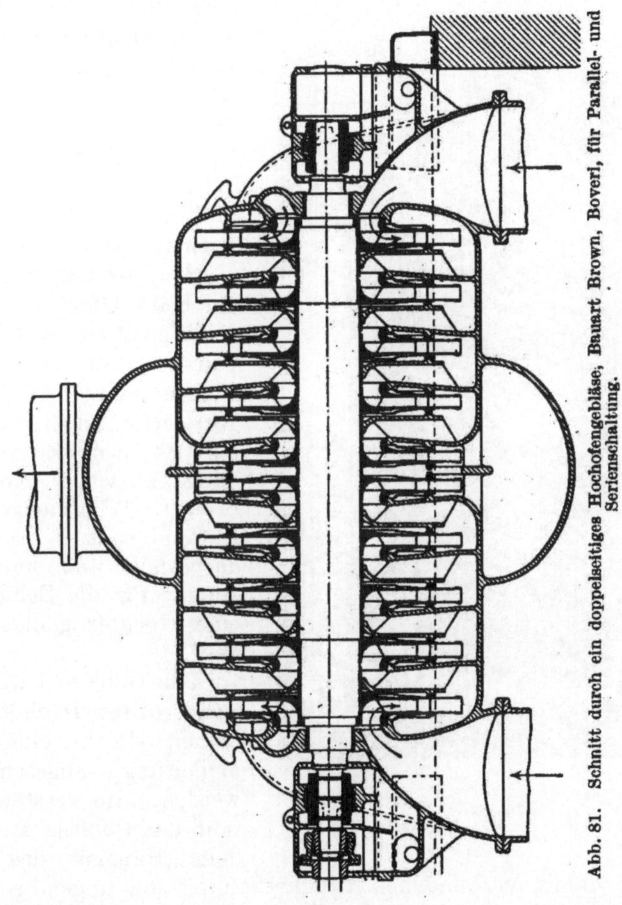

Abb. 81. Schnitt durch ein doppelseitiges Hochofengebläse, Bauart Brown, Boveri, für Parallel- und Serienschaltung.

der Luft gering ist, so können die Räder des Läufers, der in Abb. 83
dargestellt ist, mit gleichbleibendem Durchmesser ausgeführt werden.
Eine Kühlung der Luft ist nicht erforderlich. Es wäre wohl durch
Kühlung eine Ersparnis an Antriebsleistung erzielbar, die jedoch so
gering ist, daß der mit der Kühlung verbundene weniger einfache
Aufbau des Gebläses nicht in Kauf genommen werden kann.

Die Betriebsbedingungen für ein Hochofengebläse sind nicht nur von dem zu verhüttenden Erz und der Koksbeschaffenheit, sondern auch von dem Ofenprofil abhängig. Für die Verhüttung von 1 t Roheisen werden je nach der Ofenleistung 0,85 bis 1,2 t Koks benötigt. Die Verbrennung von 1 t Koks erfordert ungefähr 3000 m³ (0° 760 mm) Luft. Berücksichtigt man die Undichtheiten in der Windleitung und den Heißwindarmaturen, so kann mit ungefähr 2,45 bis 3 m³/min Ansaugevolumen bei 15° C und 735 mm Hg je Tonne und Tag Roheisenerzeugung gerechnet werden, so daß z. B. für ein 800 t Ofen ein Turbogebläse mit einem Ansaugevolumen von 800 · 2,7 = 2150 m³/min (15° 735,5 mm Hg) erforderlich ist. In Abb. 84 ist der Zusammenhang zwischen Koksverbrauch, Windmenge und Luftenddruck graphisch dargestellt und kann als Anhalt für die Bemessung eines Hochofengebläses dienen[1].

Abb. 82.
Gehäuseunterteil des BBC-Hochofengebläses.

Das Gebläse kann entweder einen Hochofen bedienen oder an eine Sammelleitung angeschlossen werden. Im ersten Fall muß das Gebläse auch bei dem „Hängen" des Ofens und der damit verbundenen Druckerhöhung um ungefähr 50 vH gegenüber dem Normaldruck die gleiche Windmenge liefern, damit die Tagesleistung des Ofens nicht abnimmt. Soll das Gebläse in eine gemeinsame Sammelleitung fördern, so wird dagegen Regulierung auf gleichbleibenden Enddruck gefordert, wobei allerdings der Luftenddruck so hoch eingestellt werden muß, daß der Ofen

---

[1] Aus BBC-Nachrichten, Mannheim **17**, H. 4.

mit dem größten Widerstand noch die erforderliche Windmenge aufnimmt. Man wird deshalb nach Möglichkeit jedes Gebläse auf einen Ofen arbeiten lassen und die Leitung so ausbilden, daß mit jedem Gebläse jeder Ofen bedient werden kann. Um die Druckverluste durch die Rohrleitungswiderstände zu beschränken, sollte das Hochofengebläse stets nahe an den Winderhitzern aufgestellt werden. Undichtheiten in der Rohrleitung können am besten durch geschweißte Leitungen vermieden werden. Für die Be-

Abb. 83. Läufer des BBC-Hochofengebläses.

messung der Windleitung kann eine Luftgeschwindigkeit von 15 bis 25 m/sec zugrunde gelegt werden.

Am wirtschaftlichsten wird das Gebläse durch Drehzahländerung auf gleichbleibendes Volumen oder gleichbleibenden Druck reguliert. Es ist daher nach Möglichkeit Turbinenantrieb zu wählen. Ist es nicht möglich, den beim „Hängen" des Ofens erforderlichen Luftdruck durch Drehzahlerhöhung zu erzeugen, so können bei doppelseitigen Gebläsen die parallelarbeitenden Gebläsestufen durch eine Umschaltklappe hintereinander geschaltet werden, wobei etwa das halbe Luftvolumen auf ungefähr den doppelten Druck gefördert wird.

3. Stahlwerkgebläse.

Das Stahlwerkgebläse drückt die Luft durch Pfeifen, die sich im Boden des Konverters befinden. Der erforderliche Luftdruck ist abhängig von der Höhe des flüssigen Eisenbades, dem Pfeifen- und Rohrleitungswiderstand. Die Ansaugeleistung der Gebläse beträgt je nach der Größe der Konverter 300 bis 1000 m³/min. Da der Luftenddruck im Mittel 2,5 ata während des Blasens ist und kaum ein Höchstdruck von 3 bis 4 ata überschritten wird, so kann von einer Kühlung des Gebläses im allgemeinen abgesehen werden. Jedoch

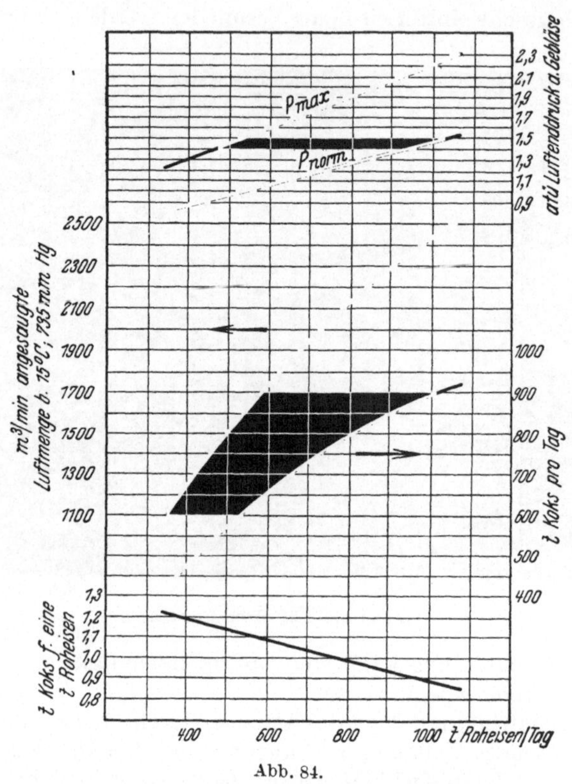

Abb. 84.

müssen mit Rücksicht auf die entstehenden hohen Lufttemperaturen von ca. 200 bis 250° C die Dichtungen des Verdichters aus Spezialmaterial hergestellt werden. Der Aufbau des Stahlwerkgebläses ohne Kühlung entspricht dem Aufbau des Hochofengebläses.

Für Klein-Bessemereien zur Herstellung von Spezialstahlsorten werden kleinere Turbogebläse von 70 bis 150 m³/min Ansaugeleistung und 1,4 bis 1,8 ata Enddruck aufgestellt.

4. Gasgebläse.

Gassauger finden hauptsächlich Verwendung in Kokereien, wo sie
das Koksofengas aus den Öfen durch die verschiedenen Apparate hin-

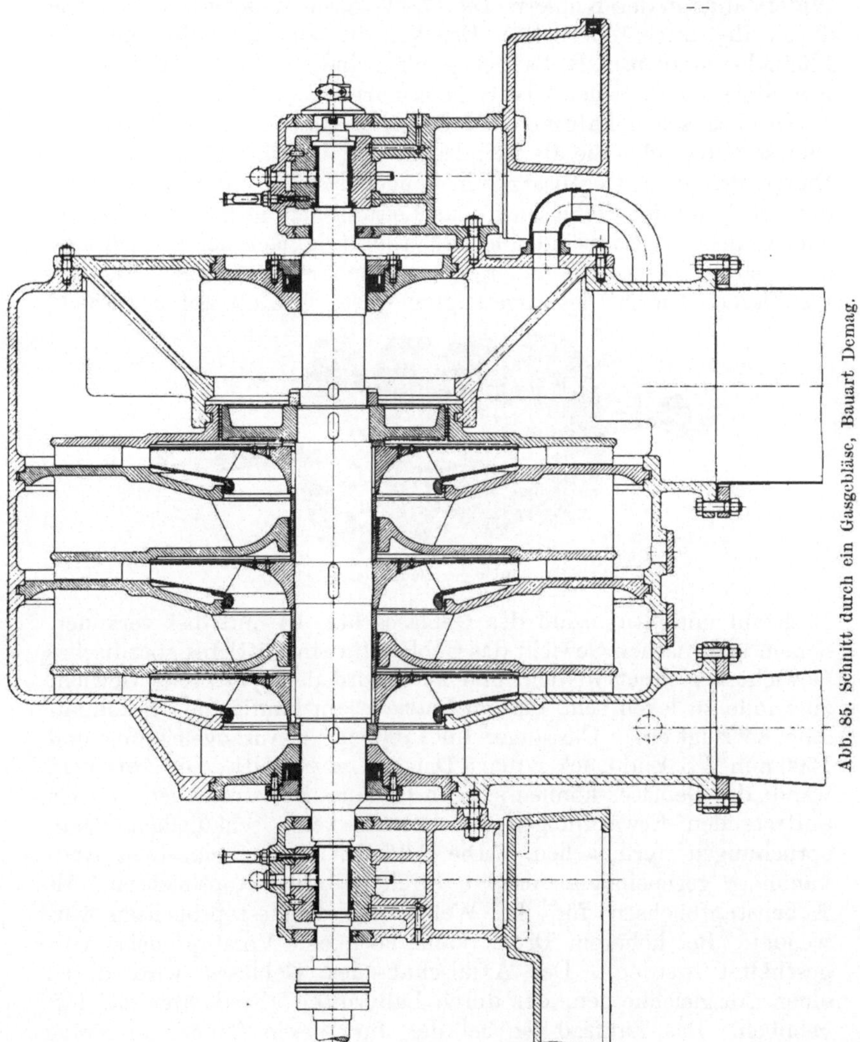

Abb. 85. Schnitt durch ein Gasgebläse, Bauart Demag.

durch abzusaugen und zum Ofen zurückzudrücken haben. Die Gassauger sind demnach nur für kleine Druckunterschiede, dagegen für
große Fördermengen zu bemessen.

Die Widerstandskurve eines Gassaugers, deren Schnittpunkt mit der Kennlinie des Saugers sein Fördervolumen bestimmt, entsteht durch die Reibungswiderstände des Gases in der Rohrleitung, durch Widerstände in den Kühlern, Teerabscheidern, Wäschern usw., sowie durch die unveränderlichen Drücke, die zur Überwindung von Flüssigkeitssäulen, z. B. Sättigern nötig sind. Die Konstruktion der Kennlinie des Gassaugers ist S. 58 erklärt.

In chemischen Fabriken, Gasanstalten usw. werden ferner Gasgebläse aufgestellt, die als Ferndruck- und Umwälzgebläse arbeiten. Diesen strömt im Gegensatz zum Sauger das Gas mit Überdruck zu und wird von den Gebläsen in das Leitungsnetz gedrückt. Der von dem Gebläse zu überwindende Druck kann je nach der Ausdehnung des Leitungsnetzes bis mehrere Atmosphären betragen. Da das spezifische Gewicht des angesaugten Gases Einfluß auf Enddruck,

Abb. 86. Läufer des Demag-Gasgebläses.

Drehzahl und Stufenzahl des Gebläses hat, so muß bei veränderlichem spezifischen Gewicht das Gebläse für ein mittleres spezifisches Gewicht berechnet werden, und zwar wird das spezifische Gewicht zugrunde zu legen sein, das im Betriebe am häufigsten vorkommt. Abb. 85 zeigt einen Gassauger für 15000 m³/h Ansaugeleistung und 1500 mm WS Enddruck Bauart Demag, im Schnitt. Die Zwischenwände des Gebläses können sich im Gehäuse frei ausdehnen und bei auftretenden Erwärmungen im Betrieb keine schädlichen Beanspruchungen verursachen. Die Abdichtung der einzelnen Radkammern gegeneinander erfolgt durch Labyrinthstopfbüchsen. Als Außenstopfbüchsen für die Welle sind Kohlestopfbüchsen verwendet. Bei höherem Druck kann noch eine Vorstopfbüchse vorgeschaltet werden. Der Axialschub des Gebläses wird durch einen Ausgleichkolben, der durch Labyrinthe abgedichtet ist, aufgehoben. Das Laufrad ist bei der für diesen Sauger in Frage kommenden kleinen Umfangsgeschwindigkeit aus einer geschmiedeten Nabe, einem Dichtungsring und angenieteten Stahlblechscheiben aufgebaut. Die ebenfalls aus Stahlblech hergestellten Schaufeln werden an die Blechscheiben angenietet. Zwecks Ver-

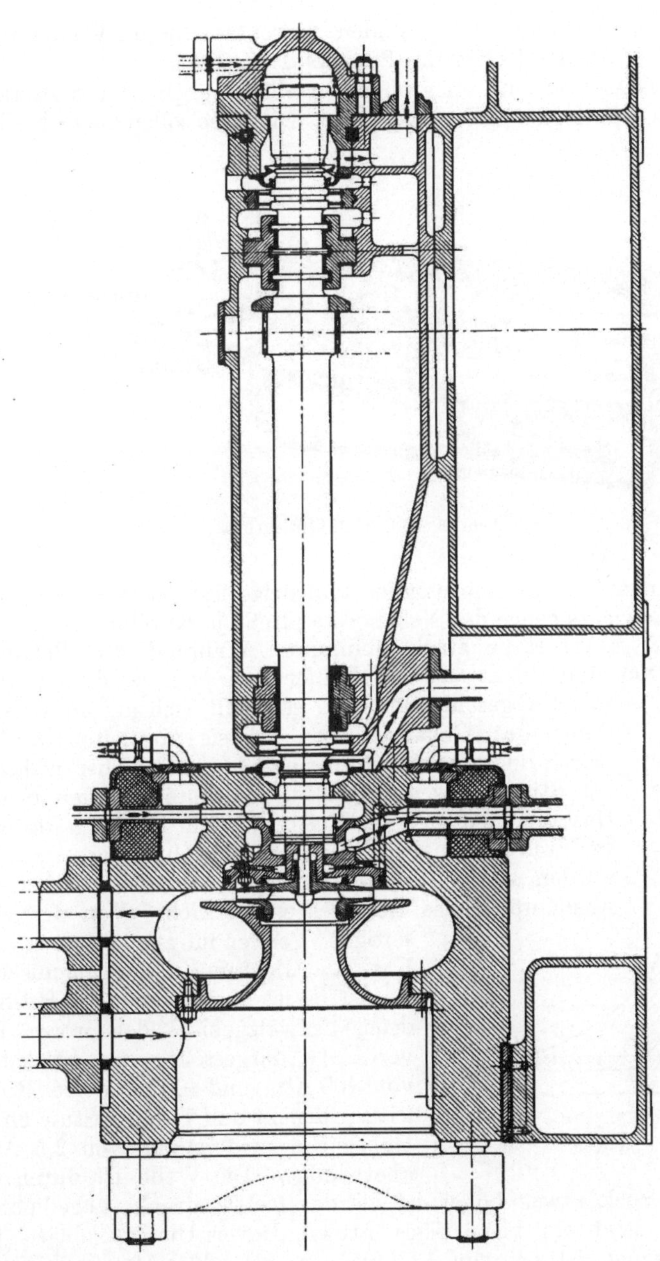

Abb. 87. Höchstdruck-Umwälzgebläse, Bauart Brown, Boveri.

kleinerung der Luftreibung finden versenkte Nieten Verwendung. In Abb. 86 ist der Läufer des Saugers dargestellt.

Die Gassauger sind oft großen Verschmutzungen durch Bestandteile des geförderten Gases ausgesetzt. Die Gase sollen daher bei Ein-

Abb. 88. BBC-Höchstdruckgebläse.

tritt in das Gebläse eine möglichst niedrige Temperatur aufweisen, da die Gewichtsmenge der Nebenbestandteile je Kubikmeter Gas bei sinkender Temperatur stark abnimmt. Während des Betriebes können sich diese nicht auf dem Läufer festsetzen, sondern werden sofort abgeschleudert und sammeln sich an der tiefsten Stelle des Gehäuses, von wo sie abgeleitet werden. Durch undichte Abschlußschieber können aber während des Stillstandes des Gebläses Verunreinigungen in den Gassauger gelangen und sich auf dem Läufer festsetzen, wodurch eine ungleiche Gewichtsverteilung hervorgerufen werden kann. Vor der Inbetriebnahme ist daher ein Ausdämpfen des Gebläses erforderlich. Von der vielseitigen Verwendungsmöglichkeit des Kreiselverdichters in der chemischen Industrie ist in Abb. 87 ein Höchstdruck-Umwälzgebläse der Brown, Boveri A.G. dargestellt, das Stickstoff von 100 Atm und 400° C in die Rohrleitung drückt und in einer Stufe einen Rohrleitungswiderstand von 2,5 Atm überwindet. Die Welle ist durch Öl,

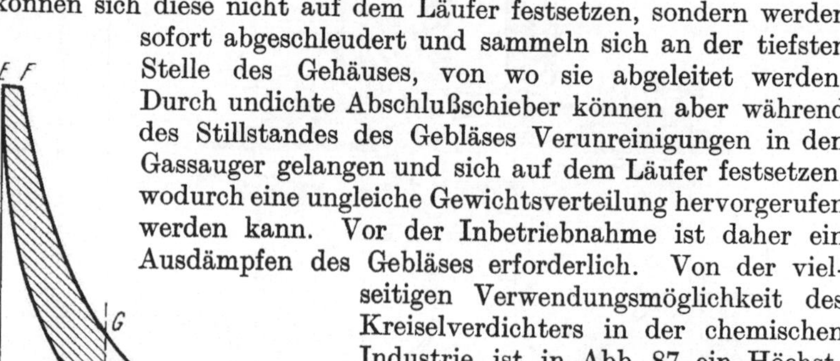

Abb. 89.

dessen Druck etwas höher ist als der Gebläsedruck, abgedichtet. Abb. 88 zeigt ein vierstufiges Brown, Boveri-Umwälzgebläse für eine Ansaugeleistung von 12,3 m³/min bei 232,3 Atm und einem

Enddruck von 258 Atm. Die Drehzahl ist n = 14000 U/min und die Leistungsaufnahme 820 kW.

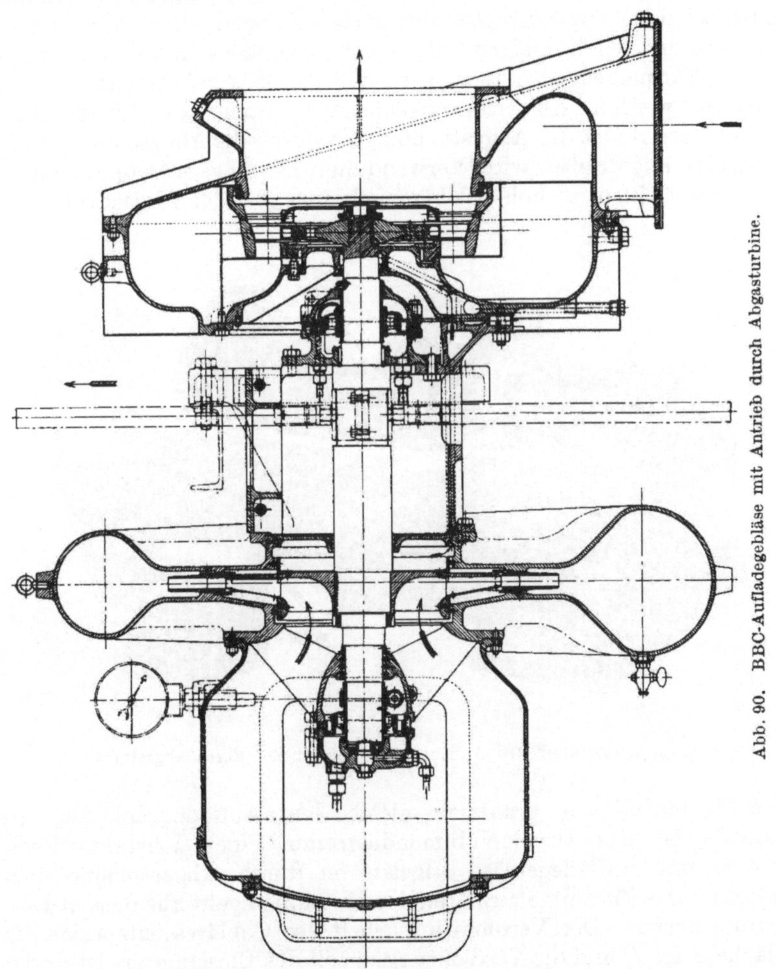

Abb. 90. BBC-Aufladegebläse mit Antrieb durch Abgasturbine.

5. Auflade- und Spülluftgebläse.

Der Kreiselverdichter findet an Stelle von Kolbengebläsen immer mehr Verwendung als Aufladegebläse zur Steigerung der Leistung von Dieselmotoren und als Spülluftgebläse für Zweitaktmotoren. Durch Einblasen verdichteter Luft in den Motorzylinder und der dadurch

7*

ermöglichten Vergrößerung des Ladegewichts kann die Leistung der Dieselmaschine, deren Überlastungsmöglichkeit sonst sehr eng begrenzt ist, gesteigert werden. Ferner wird durch das Einblasen der Luft bei dem Viertaktmotor der zurückbleibende Rest der Abgase entfernt und der Zylinderwand, dem Kolbenboden und den Ventilen große Wärmemengen entzogen, so daß die Wärmebeanspruchungen niedriger werden. Als wirtschaftliche Antriebsmaschine für das Aufladegebläse findet die Abgasturbine, die durch die Abgase der Dieselmaschine angetrieben wird, Verwendung. Die Abgase treten aus dem Motor mit einem so hohen Überdruck aus, daß der Abgasdruck vor

Abb. 91. Zweistufiges BBC-Aufladegebläse mit Antrieb durch Abgasturbine.

den Turbinendüsen praktisch gleich dem Aufladedruck ist. In Abb. 89 ist das Druck-Volumendiagramm eines Viertakt-Dieselmotors mit Aufladegebläse angetrieben durch Abgasturbine dargestellt. Das Zusammenarbeiten der Maschinen geht aus diesem Diagramm hervor. Der Verdichtungsarbeit des Gebläses entspricht die Fläche $ABCD$ und die Verdichtungsarbeit des Dieselmotors ist durch die Fläche BEC dargestellt. Während des Kolbenhubes EF erfolgt die Verbrennung des Ladegemisches. Bei G wird das Auslaßventil geöffnet und das Gas strömt zu den Düsen der Turbine. Für die Arbeitsleistung der Turbine steht die Fläche $HIDC$ zur Verfügung, also eine um die Fläche $HIAB$ größere Arbeit als zum Antrieb des Gebläses notwendig ist. Sie reicht aus, um die Verluste in Turbine und Gebläse zu decken. Die Arbeit, die der Fläche BGH entspricht, dient zur Beschleunigung der Abgase beim Überströmen in die Turbine und wird durch Stoß und Wirbel vernichtet. Abb. 90 zeigt ein Aufladegebläse mit Abgas-Turbinenantrieb, Bauart Brown, Boveri, im Schnitt. Das Gebläse wird einstufig ausgeführt bis zu einem Druckverhältnis $\frac{P_2}{P_1} = 1{,}35$. Bei höheren Aufladedrücken sind zwei Stufen erforderlich. In Abb. 91 ist eine zweistufige Gebläsegruppe mit abgenommenem Gehäuseoberteil dargestellt. Die Beaufschlagung

Abb. 92. AEG-Spülluftgebläse.

des einkränzigen Turbinenlaufrades erfolgt auf dem ganzen Umfange. Die Schaufeln der Abgasturbine bestehen aus einer hoch hitzebeständigen Legierung, die bei etwa vorkommenden abnormalen Betriebsverhältnissen vorübergehend bis 600° C, also dunkle Rotglut, aushält. Das Aufladeverfahren unter Verwendung einer mit Abgasturbine angetriebenen Gebläses wurde von dem Ing. Büchi vorerst für Viertaktmaschinen durchgebildet[1].

---

[1] Leistungsversuche an einem Dieselmotor mit Büchischer Aufladung von Prof. S t o d o l a, Z. V. D. I. 1928; die Leistungssteigerung von Dieselmotoren nach dem Büchi-Verfahren. Werkblad de Ingenieur 1929, 35: Leistungssteigerung von Dieselmotoren durch Vorverdichtung der Verbrennungsluft. BBC. Druckschrift T 1071.

Nicht nur die geringeren Anschaffungskosten, die kleinere Platzbeanspruchung und das kleine Gewicht sprechen für die Verwendung von Turbogebläsen als Spülluftgebläse, sondern durch den kontinuierlichen Luftstrom wird auch eine bessere Spülwirkung erzielt. Die Fördermengen betragen 150 bis 2000 m³/min und der Enddruck liegt zwischen 0,1 bis 0,3 Atm. Bei großen Luftmengen werden die Gebläse mit doppelseitiger Ansaugung ausgeführt. Abb. 92 zeigt ein doppelseitig saugendes einstufiges Spülluftgebläse der AEG. Durch die Anordnung von zwei Antriebsmotoren, von denen einer als Reservemotor dient, wird ein symmetrischer Aufbau erreicht.

XIV. Konstruktive Einzelheiten.

1. Stopfbüchsen.

Die Welle wird gegen das Gehäuse im allgemeinen durch Labyrinthstopfbüchsen, die auch im Dampfturbinenbau Verwendung finden, abgedichtet. Als Außenstopfbüchsen verwenden einige Firmen auch Kohlestopfbüchsen (s. Abb. 85). Bei giftigen Gasen oder sehr hohen Drücken sind jedoch Sperrflüssigkeiten zwecks vollkommener Abdichtung erforderlich. Wird das Gas von Wasser stark absorbiert, so wird Öl als Sperrflüssigkeit gewählt. Abb. 93 zeigt die Konstruktion einer Wasserstopfbüchse, Bauart Brown, Boveri. Die wasserberührten Teile der Stopfbüchse sind in rostbeständigem Material ausgeführt. Damit auch bei stillstehendem Gebläse vollständige Gasdichtigkeit gewährleistet ist, wird der Stopfbüchsenzylinder mit Hilfe des Hebels H gegen den Dichtungskamm geschraubt. Die Stopfbüchse muß vor der Inbetriebnahme des Gebläses in die Betriebsstellung zurückgedreht werden.

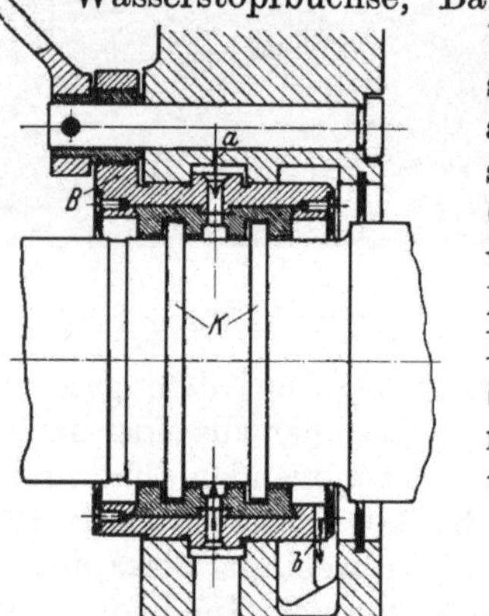

Abb. 93. BBC-Wasserstoffbüchse. a = Sperrwassereintritt; b = Sperrwasseraustritt; B = Verschiebbare Büchse; H = Hebel.

2. Entlastungskolben.

Da hinter dem Laufrad das Gas bereits einen bestimmten Überdruck hat, so entsteht in den einseitig ansaugenden Laufrädern des Läufers ein von Rad zu Rad zunehmender Schub, der gegen die Saugseite gerichtet ist. Dieser Schub wird durch einen Entlastungskolben

ausgeglichen. Der Durchmesser des Kolbens ist daher so groß zu
wählen, daß der Axialschub, der durch den Druckunterschied in den

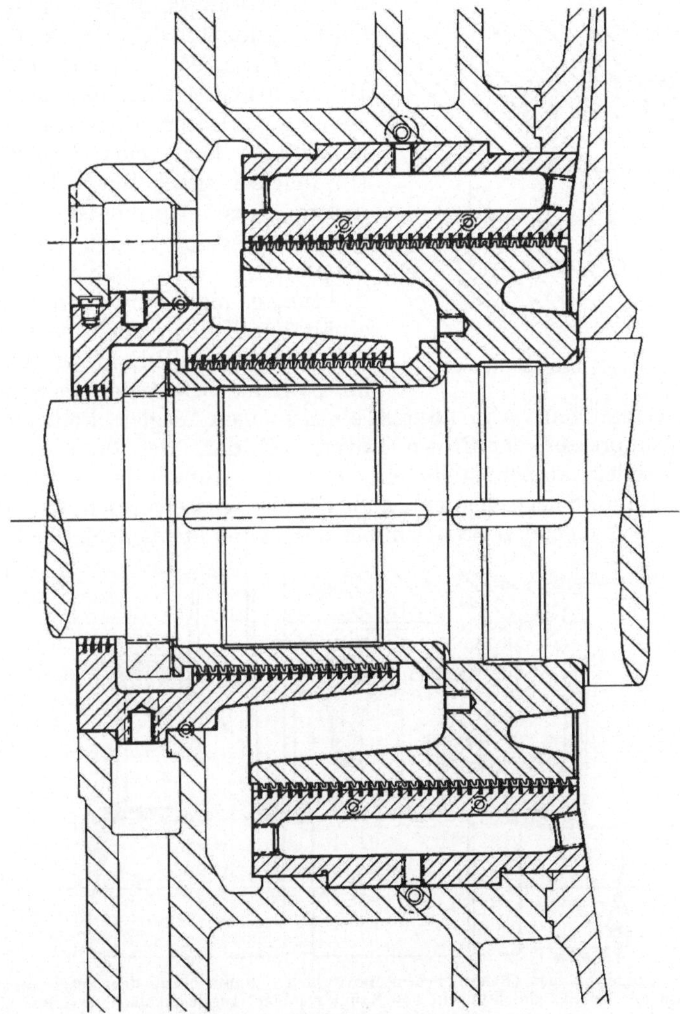

Abb. 94. Ausgleichkolben und Außenstopfbüchse eines Turbokompressors der
Gutehoffnungshütte.

Räumen vor und hinter dem Kolben entsteht, ausreicht zur Aus-
gleichung des Läuferschubes. In dem Raum hinter dem Ausgleichkolben, der mit dem Saugstutzen durch eine Rohrleitung in Ver-

bindung steht, herrscht der Ansaugedruck und in dem Raum vor dem Kolben der Enddruck des Verdichters. Abb. 94 zeigt die Konstruktion des Entlastungskolbens der Gute-

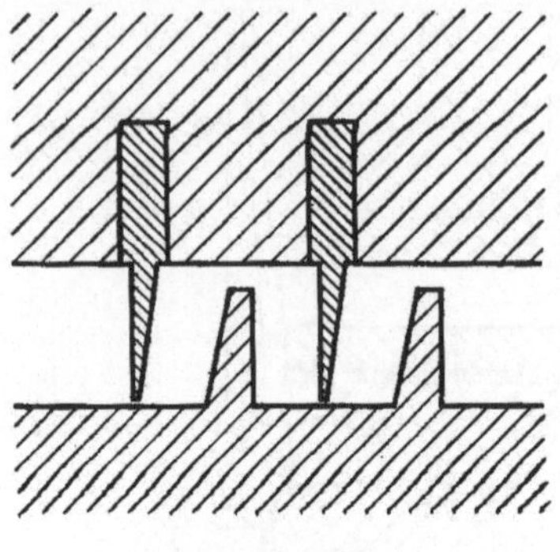

hoffnungshütte, der durch Labyrinthe (Abb. 95) abgedichtet ist. Die Dichtungsstreifen bestehen aus Messing. Hinter den Ausgleichkolben ist noch eine Labyrinthstopfbüchse geschaltet. Bei den meisten Ausführungen ist der Kolben so ausgeführt, daß statt der Stopfbüchse eine kurze Wellendichtung genügt. Für höhere Drücke erhält der Kolben auch noch seitlich Labyrinthrillen, in welche die im Zylinder befestigten Labyrinth-

Abb. 95. Labyrinthe.

streifen eingreifen. Abb. 96 stellt einen solchen Ausgleichkolben eines Turbokompressors der Brown, Boveri A.G. dar. Der Raum a hinter dem Ausgleichkolben steht mit dem Saugstutzen in Verbindung.

Im Raum c herrscht der Enddruck des Kreiselverdichters. Wird infolge des steigenden Axialschubes der Läufer etwas nach der Saug-

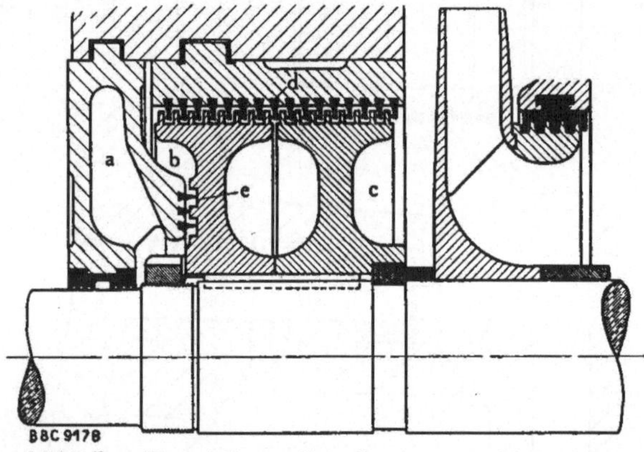

Abb. 96. Ausgleichkolben (Bauart Brown, Boveri). a = Raum hinter dem Ausgleichkolben; b = Raum vor den Axialdichtungen; c = Raum vor dem Ausgleichkolben; d = Radialdichtungen; e = Axialdichtungen.

seite verschoben, so verengen sich die Dichtungsstellen bei d, dagegen öffnen sich etwas die Dichtungsstellen bei e. Da infolgedessen der Druck im Raum b absinkt, so vergrößert sich der Druckunterschied vor und hinter dem Kolben. Der Kolben übt einen Schub nach der Druckseite aus.

Sachverzeichnis.